中国荔枝

单产大小年现象形成规律预测模型研究

Prediction Model of Formation Pattern of Large and Small Year Phenomena in Litchi Yield in China

侯彦林　等　著

中国农业出版社
北京

内容简介 NEIRONG JIANJIE

本书通过建模方法对中国荔枝单产大小年现象形成规律进行了系统研究，基于荔枝一年生产周期内逐日气象指标与荔枝单产大小年年型等级关系，筛选影响荔枝单产大小年年型等级的关键气象指标，建立荔枝单产大小年年型等级单一指标预测模型、多因素多元回归预测模型和多因素判别预测模型。通过 5 省 18 个案例的数据挖掘，获得全国目前全部 17 个地标荔枝和 1 个非地标荔枝单产大小年年型等级的预测模型。初步验证结果表明，预测模型可以用于除极端气象年外荔枝单产大小年年型等级的预测，为制定荔枝生产大小年年型调控措施提供科学依据，有利于荔枝种植效益的稳定和提高。

本书包括荔枝单产大小年现象研究概况，广西 7 个地标荔枝，海南 4 个地标荔枝和一个非地标荔枝，广东 3 个地标荔枝，四川 2 个地标荔枝，福建 1 个地标荔枝，以及综合研究等内容。

本书可供从事园艺学、农学、土壤学、植物营养学、生态学、地理学、农业信息学的科学工作者以及大专院校相关专业教师参考。

编　委　会

主　　编： 侯彦林　侯显达　梁　裕　林珂宇

副 主 编： 刘书田　贾书刚　李立梅　冼承斌　顾业连

参编人员（按姓名笔画排序）：

王永壮　王铄今　韦　洋　韦　钰　韦　晨
方世巧　方贵风　邓占儒　邓国斌　甘小丽
卢　曦　吕璞良　朱艳梅　伍华远　刘钊扬
刘　枫　杜　潇　杨璐嘉　李子涵　李冰荣
李金梅　李建文　肖志祥　宋立全　张佳荣
陆　伶　陈　东　陈　松　陈洪海　罗云芳
罗　蜜　周世运　周红松　周省邦　钟英海
侯诺萍　姜　宁　秦立娟　郭映云　宾哲源
黄军霞　黄　梅　谢婧婧　廖　强　黎大泽
潘慧敏

前言

FOREWORD

荔枝种植区主要分布于南北半球17°～26°两条狭窄的地带，对气象条件有严格的要求，气象条件成为荔枝丰产的关键影响因素。由于每年气象条件不同，导致荔枝单产大小年现象十分严重，有时小年单产仅为大年的20%左右。研究表明，荔枝各个生长发育阶段的气象条件对其单产都有不同程度的影响，不同荔枝种植区域，影响荔枝单产主要时段的关键气象指标不尽相同，生产实践迫切需要荔枝单产大小年年型预测模型及信息化预测平台。

本书通过建模方法对中国荔枝单产大小年现象形成规律进行了系统研究，基于荔枝一年生产周期内逐日气象指标与荔枝单产大小年年型等级关系，筛选影响荔枝单产大小年年型等级的关键气象指标，建立荔枝单产大小年年型等级单一指标模型和综合指标模型，综合模型包括多元回归预测模型和多因素判别预测模型。通过5省18个案例的数据挖掘获得：①气象条件是荔枝单产大小年现象形成的主要影响因素：由于大年和小年多数情况下并非间隔出现，常常小年连续出现和大年有时连续出现，所以土壤养分供应并非造成大年和小年现象出现的主要原因。②模型研究结果：每个案例都能确定关键气象指标，因此，构建了中国当下全部17个地标荔枝和1个非地标荔枝单产大小年年型等级的预测模型；多因素判别预测模型优于多因素多元回归预测模型；预测模型可以用于除极端气象年外荔枝单产大小年年型等级的预测。③气象指标重要性：对大小年年型影响程度由大到小依次排序的气象指标为：湿度、日照时数、温度、降水量。湿度以负相关为主，对福建、海南、广东荔枝大小年年型影响大；日照时数对四川、海南、广东荔枝大小年年型影响大；温度在秋天、冬天以负相关为主，在春天以正相关为主，温度对广东、广西、四川荔枝大小年年型影响大；降水量对海南荔枝大小年年型影响大。④关键气象指标最佳范围：11月到第二年4月，湿度适宜范围为63%～78%；广西和广东秋冬季日照时数多，加之低温有利于高产，春季高温有利于高产；海南秋季降水量适宜有利于高产。⑤产地间年型同步性：18个产地荔枝单产年型等级的出现不具有时间同步性，省内具有一定的时间同步性。以上研究结果可为制定荔枝生产大小年年型调控措施提供科学依据和技术指标，有利于荔枝种植效益的稳定和提高，也有利于商家制定经营策略。

本书主要创新点和特色：①18个荔枝案例都是长期稳定的生产基地，历史数据具有可比性，便于解析时间尺度上的气象条件对单产的影响；②将反应单产高低的指标划分为年型等级，以便对缺乏历史数据的单产情况进行半定量描述和统计分析；③气象数据以日为基础，以荔枝一年生产周期365d为时长，包括了完整的荔枝生产周期；④构建了覆盖整个生产周期365d的467 565个气象指标，通过自编软件自动筛选关键气象指标；⑤将样本划分为建模样本和验证样本；⑥建立了单一关键指标预测模型、多因素多元回归预测模型、多因素判别预测模型，比较了多元回归预测模型和判别预测模型在荔枝单产年型解析上的异同点；⑦定义了模型合格的预测误差评价标准；⑧确定了模型关键气象指标范围。

本书得到广西“八桂学者专项经费”、广西地标作物大数据工程技术研究中心（2018GCZX0020）、广西科技基地和人才专项（桂科 AD18126012）、广西科技重大专项（桂科 AA17204077）、广西一流学科（地理学）项目经费的资助，在此表示感谢。

由于编者水平所限，不足之处，恳请大家批评指正。

侯彦林

2023年3月31日于南宁

目录
CONTENTS

第一章　荔枝单产大小年现象研究概况

第一节　研究概况

荔枝（*Litchi chinensis*）属于无患子科，为亚热带常绿植物，广泛种植于亚洲亚热带地区及中南美洲和非洲的部分地区[1-3]。荔枝原产于中国，是中国南方著名水果，其地理分布和经济栽培区域十分狭窄，适宜种植区域仅为南纬和北纬17°～26°[4-5]地区。中国主要分布于广东、广西、福建、海南、四川及云南等省份[6-7]。荔枝产量大小年现象十分严重，有时小年单产仅为大年的20%左右。导致荔枝大小年现象的因素有很多，如土壤肥力、土壤湿度、气象因素、病虫害以及管理水平等，其中气象是关键的影响因子[8-12]。

农作物单产受气象条件影响比较大，短期内同一作物同一地区不同年单产之间差异主要受气象条件影响，土壤条件和管理水平的影响较小。罗森波[13]基于3年滑动平均求算趋势产量，通过线性回归等方法建立荔枝丰歉年气候指标。蔡大鑫等人[14]采用线性滑动平均法计算趋势单产，利用回归分析、信息扩散等方法，构建荔枝的理论收获面积模型和气象灾害指数。周剑锋[15]统计龙海县1960—1990年的气象资料和荔枝产量资料，采用线性回归分析、测验，分析气象因子与产量的相互关系，建立微机模型，进行产量预测。林文城[16]基于可控因素，如品种、树势、管理等，根据本地果农生产实践，结合本地荔枝大小年的成因，总结荔枝大小年结果现象的克服技术。何丁海[17]认为可通过加强土壤、树体、肥水系列的科学管理，控制荔枝大小年结果现象，从而达到丰产稳产的栽培目的。莫体[18]研究表明荔枝的生长周期有不同的环境要求：花芽分化期需要低温诱导，但在2℃以下会遭受冻害，开花时期需要晴朗温暖的天气，最忌天气干热、阴雨连绵或者刮强劲风力，各类极端天气都可能导致其花果败落，从而造成荔枝产量减少。刘荣光等人[19]研究发现，温度是影响荔枝分布和荔枝大小年现象的主要因子。陈国保[20]发现，荔枝在幼果期和膨大期需要高温强光的天气条件。刘流[21]研究表明，影响荔枝丰歉的气象指标是秋梢生长期的降水量和日照时数、花芽分化期的温度和日照时数，以及开花结果期的降水及日照。Menzel等人[22]通过控温实验发现有叶花序的形成需要较高温度的诱导，而高温又不利于花芽的分化。傅汝强[23]在研究博白县18年荔枝产量与花芽分化期间降水量关系时发现，大年的2月降水量均在29mm以上。王润林[24]的研究结果表明，上一年冬季天气状况与收获当年荔枝大小年情况密切相关，特别是气温影响效果最显著。降水量、日照虽有一定影响，但不显著，一般降雨多、日照少的年份多为荔枝小年。尹金华等[25]研究表明，在12月下旬到次年1月下旬期间降雨太多不利于荔枝的花芽分化。谭宗琨等[26]分析发现，荔枝迟熟品种“禾荔”的果实发育进程与温度有关，尤其是日生长温度累积对成熟期影响最大。陆杰英[27]等研究表明，在果实成熟期，气候温暖的条件有利于荔枝的发育；

赖自力[28]等通过研究泸州“带绿”荔枝物候期与同期气象条件的对比分析，发现在影响荔枝的生长发育阶段的气象条件中，温度占主导作用。何鹏[29]等通过种植面积权重法分析钦州市1990—2005年荔枝产量与同期气象资料发现，在荔枝花芽分化期，冬季期的水分和温度会造成直接影响，适度低温或干旱有利于荔枝花芽分化；在果实成熟期，钦州市荔枝产量与采收前的雨量呈负相关关系，如遇到连夜下雨或久晴、久旱遇骤雨等天气，会出现采前落果、裂果的现象，从而导致荔枝减产。高素华[30]基于农业气候学原理及方法，对广东1952—2000年的荔枝产量、种植面积及同期气候资料进行统计和分析发现，在荔枝花芽分化期，对低温要求高，荔枝花芽分化关键期为每年12月中旬至翌年1月中旬，主要气候指标为关键期内4旬的平均气温、冬冷日数（最低气温2～10℃天数）以及冬暖日数（日平均气温≥18℃天数）；荔枝单产与4旬均温、冬暖日数呈极显著的负相关，而与冬冷日数呈极显著正相关关系；结论是在荔枝花芽分化的关键期，气温变化是造成荔枝大小年现象的主因，当关键期气温下降，荔枝多为大年；反之，气温上升，荔枝多为小年。高素华[31]等使用荔枝单产作为划分丰歉年的指标，对广东荔枝近50年历史资料进行分析，通过研究发现，气温是荔枝花芽分化的主导因子，在此期间对荔枝产量起决定性作用；并认为荔枝花芽分化适宜气候指标是在12月中旬至翌年1月中旬关键期内，4旬气温平均值11～13.5℃（同期通常有3～4个旬的旬平均气温≤15℃），符合此类指标的年份荔枝多为丰年。齐文娥等[32]采用面板数据模型分析39个荔枝主产县域荔枝产量与气候数据之间的关系，通过构建双向固定效应模型探究气象条件对荔枝产量影响的规律，发现荔枝产量与生长期、花期的降雨呈显著负相关关系。刘锦銮[33]以综合的风险指数作为区划指标，对华南地区荔枝的寒害风险进行了空间区域分划和分区评述。研究结果表明，0℃左右的温度容易使荔枝遭受寒害，但同时也有利于花芽分化。李娜等[34]通过建立气候风险估算模型以及综合气候风险区划指数模型，发现随着气候变暖，研究区香蕉、荔枝抗寒性降低，寒害致灾风险增加。

上述研究结果表明，荔枝各个生长发育阶段的气象条件对其单产都有不同程度的影响；不同荔枝种植区域，影响荔枝单产的主要时段的关键气象指标不尽相同；至今为止，没有通用的基于气象指标的荔枝单产大小年现象形成规律的定量或半定量研究方法和预测模型；生产实践迫切需要荔枝单产预测信息化工具。

第二节　本项研究总体方案

1. 研究对象　本研究选择中国目前17个地标荔枝和海南儋州非地标荔枝，18个产地基本情况见表1-1。

表1-1　中国地标荔枝产地基本情况[35-38]

产地	纬度	经度	平均海拔或范围（m）	土壤类型	面积（hm^2）	年均温（℃）	年均降水量（mm）	收获月
广西合浦	21°27′～21°55′	108°51′～109°46′	10～15	赤红壤、砖红壤	4 000	22.4	1 650	6

（续）

产地	纬度	经度	平均海拔或范围（m）	土壤类型	面积（hm²）	年均温（℃）	年均降水量（mm）	收获月
广西灵山	21°51′～22°38′	108°44′～109°35′	69	赤红壤	33 300	21.7	1 600	6～7
广西浦北	21°52′～22°41′	109°14′～109°51′	10～15	赤红壤	13 300	21.6	1 700	6～7
广西钦北	21°54′～22°27′	108°10′～108°56′	10	赤红壤、紫色土	30 000	22.0	2 000	6
广西北流	22°08′～22°55′	110°07′～110°47′	79	赤红壤	36 000	21.7	1 850	6～7
广西藤县	23°02′～24°03′	110°21′～111°11′	31	赤红壤、红壤、紫色土	3 000	21.0	1 472	7
广西桂平	22°52′～23°48′	109°41′～110°22′	44	赤红壤、红壤、紫色土	18 000	21.7	1 500	7
海南秀英	19°40′～20°03′	110°07′～110°20′	50	火山灰土	25 137	26.0	1 816	6
海南琼山	19°38′～19°46′	110°26′～110°38′	30～100	红壤	8 500	24.2	1 900	6
海南澄迈	19°23′～20°00′	109°0′～110°15′	88	红壤	275 000	23.8	1 786	6
海南陵水	18°22′～18°47′	109°45′～110°08′	161	红壤	2 219	25.2	2 000	4～5
海南儋州	19°11′～19°52′	108°56′～109°46′	200	砖红壤	866	22.0	1 815	5～6
广东深圳	22°27′～22°52′	113°46′～114°37′	70～120	赤红壤	4 000	22.4	1 933	5～6
广东东莞	22°39′～23°09′	113°31′～114°15′	200～600	红壤	9 478	22.8	1 839	5～6
广东惠州	22°24′～23°57′	113°51′～115°28′	22	赤红壤	23 800	22.0	2 200	6～7
四川乐山	28°25′～30°20′	102°50′～104°30′	500	紫色土、黄壤	667	17.3	1 300	7～8
四川宜宾	27°50′～29°16′	103°36′～105°20′	500～2 000	紫色土、黄壤	1 333	18.0	1 152	7
福建宁德	26°18′～27°40′	118°32′～120°43′	3	红壤	500	17.5	2 350	7～8

（续）

产地	荔枝别名	主产地	土壤 pH	入选地标年	气候区	年无霜日（d）	日照时数（h）
广西合浦	香山鸡嘴荔枝	合浦县	5.5～6.2	2013	南亚热带季风气候区	>300	1 400～1 950
广西灵山	糯米滋或米枝	灵山县	4.3～6.8	2012	南亚热带季风气候区	>300	1 400～1 950
广西浦北		浦北县	4.3～6.8	2020	南亚热带季风气候区	>330	>1 630
广西钦北	红荔（也称南局红）	钦北区	5.5～6.5	2019	南亚热带季风气候区	>330	>1 801
广西北流		北流市	5.0～6.5	2018	南亚热带季风气候区	>351	>1 724.2
广西藤县	江口荔枝	太平镇江口村	5.5～6.7	2016	亚热带季风气候区	>323	>1 724
广西桂平	麻垌荔枝	麻垌镇	4.5～6.0	2012	亚热带季风气候区	>360	>1 700
海南秀英	永兴荔枝	永兴镇	5.2～6.1	2017	热带海洋性季风气候区	全年无霜	>1 955
海南琼山	三门坡荔枝	三门坡镇	5.2～6.1	2017	热带海洋性季风气候区	全年无霜	>1 752
海南澄迈		澄迈县	4.9～6.1	2020	热带季风气候区	全年无霜	>2 060.5
海南陵水		黎族自治县	5.5～7.5	2019	热带岛屿性季风气候区	全年无霜	>2 261.6
海南儋州		儋州市	5.1～6.1	非地标	热带季风气候区	全年无霜	>2 000
广东深圳	黄田荔枝	宝安区	5.5～6.5	2018	亚热带海洋性气候区	>355	>2 120.5
广东东莞		东莞市	5.5～6.5	2017	亚热带季风气候区	>350	>1 898.3
广东惠州		惠州市	5.5～6.5	2016	亚热带季风气候区	>350	>1 500
四川乐山	嘉州荔枝	乐山市	5.5～7.5	2015	亚热带湿润季风气候区	>300	>1 300
四川宜宾	大塔荔枝	宜宾县	5.5～7.0	2019	亚热带湿润性季风气候	>362	>1 350
福建宁德	三都澳晚熟荔枝	蕉城区	6.5～7.2	2010	亚热带季风气候区	>270.4	>1 637.7

2. 研究方法

（1）对荔枝单产大小年年型等级定义　年型是对一定区域内荔枝历史年经验单产高低

或实际单产的等级划分结果，以此确定研究问题的因变量（Y）的等级，一般根据单产由低到高分为五级，分别对应赋值 1、2、3、4、5 数值，据此可以通过统计方法分析其与影响因素自变量（X）的关系或建模，是将历史经验单产高低数据数值化的一种表示方法或对具体数字等级化的一种表示方法。定义的年型等级概念在果树行业上可以理解为某年的产量好坏程度，与俗称的小年、平年、大年传统术语含义基本相同。为了提高分析精度，在小年和平年、平年和大年之间定义了偏小年和偏大年。按这样定义的年型等级，通过实地调查，一般经营者和技术人员可以容易确定近些年特别是最好年和最差年的年份和年型等级，也可将公开收集到的历史单产数据或对单产的描述情况划分为单产年型等级，以增加统计样本数。

（2）年型等级数据获得方法　通过公开信息查询和实地调研等方式，收集某地区荔枝单产大小年年型等级或单产数据，要求面积 1 万亩①以上，年份 8 年以上；年型划分为小年、偏小年、平年、偏大年、大年 5 个年型等级（Y），分别赋值 1、2、3、4、5，以便于统计分析。如果收集到的数据为单产数据，则使用归一化方法划分为 5 个年型等级（Y），其中小年范围 0～0.2、偏小年范围 0.2～0.4、平年范围 0.4～0.6、偏大年范围 0.6～0.8、大年范围 0.8～1.0。归一化方法：任意一年归一化数字（0～1）＝（任意年单产－所有年单产中最小单产）/（所有年单产中最大单产－所有年单产中最小单产）。

（3）荔枝一年生产周期划分方法　从荔枝收获月开始直到下一年收获月之前的一个月为荔枝一年的生产周期，长度按 365d 计算。

（4）气象数据的收集　收集某地区荔枝不同单产大小年年型等级对应年的逐日气象数据，包括每日的最高温度、平均温度、最低温度、平均相对湿度、最小相对湿度、日照时数、降水量 7 个指标。

（5）构建影响单产大小年年型等级的气象指标变量　（a）从一年生长周期 365d 的第 1 天开始，分别构造 365 个时段，设第 1 天为第 1 个时段、第 1～2 为第 2 个时段、第 1～3 天为第 3 个时段、……、第 1～365 天为第 365 个时段，计算每个时段 7 个气象指标的平均值或累加值，获得 365 个时段×7 个指标＝2 555 个变量；（b）从一年生长周期 365d 的第 2 天开始，分别构造 364 个时段，设第 2 天为第 1 个时段、第 2～3 天为第 2 个时段、第 2～4 天为第 3 个时段、……、第 2～365 天为第 364 个时段，计算每个时段 7 个气象指标的平均值或累加值，获得 364 个时段×7 个指标＝2 548 个变量；……；（c）从一年生长周期 365d 的第 364 天开始，分别构造 2 个时段，设第 364 天为第 1 个时段、第 364～365 天为第 2 个时段，计算每个时段 7 个气象指标的平均值或累加值，获得 2 个时段×7 个指标＝14 变量；（d）从一年生长周期 365d 的第 365 天开始，构造 1 个时段，设第 365 天为 1 个时段，计算这个时段 7 个气象指标的平均值或累加值，获得 1 个时段×7 个指标＝7 变量。合计时段数＝（365＋1）×365÷2＝66 795。合计变量数＝66 795×7＝467 565。如果用在其他果树上，如果该果实花芽分化在收获前就已经开始，则一年生长周期按实际情况确定，如 14 个月情况下，365d＋前面的 2 个月

① 亩为非法定计量单位，1 亩＝1/15hm^2≈667m^2。——编者注

的天数，变量构造方法同上。

（6）影响单产大小年年型等级的关键气象指标的筛选方法　使用自编软件分别自动计算 467 565 个变量与年型等级的相关系数，凡是达到显著和极显著相关关系的指标初选为关键气象指标。将同一指标的初选关键气象指标按时间由前向后排列，取相关系数连续达到显著和极显著的一个时段，再取该时段内达到显著和极显著的相关系数发生拐点时的绝对值最大的那个变量，由这些变量组成关键指标。最终结果有两种情况：一是至少有一个关键气象指标被选择出来；二是没有关键气象指标被选择出来。

（7）单一关键气象指标与年型关系的预测模型　使用筛选出来的单一关键气象指标与年型进行线性回归，回归方程即为单因素预测模型。当关键气象指标为一个时，模型自回归误差即为一元模型自回归误差，当关键气象指标为一个以上时，模型自回归误差即为多元回归模型自回归误差，因此，本书不对单一关键指标模型进行自回归误差分析。

（8）多个关键气象指标构建多元回归预测模型　（a）多元回归预测模型的建立；（b）多元回归预测模型自回归误差分析；（c）多元回归预测模型验证；（d）多元回归预测模型关键气象指标范围确定。

（9）多个关键气象指标构建多因素判别预测模型　（a）多因素判别预测模型的构建；（b）多因素判别预测模型误差分析；（c）多因素判别预测模型验证；（d）多因素判别预测模型关键气象指标范围确定。

（10）定义的模型预测误差　预测误差＝预测年型－实际年型。此处将－1.0＜当年自回归误差＜1.0 的预测年定义为当年预测合格；－1.0＜模型自回归预测误差＜1.0 的比例≥80％以上时定义为模型合格。

（11）模型筛选方法　多元回归预测模型和多因素判别预测模型是两类预测模型，多数情况下使用相同的关键气象指标，两类模型可以相互补充，并以预测误差最小的模型为优。

（12）建模样本和验证样本　一般情况下，预留 10％～20％样本作为验证，不参与建模。

（13）未知年型预测　将未知年关键气象指标输入到优选确定的多元回归预测模型或多因素判别预测模型中可以获得未知年型预测值，如是历史年可以验证模型精度，如是当前年可以提前预测年型，以最后一个关键气象指标出现时为预测时间。

3. 研究方法举例

以海南秀英荔枝为例：

（1）海南秀英荔枝单产大小年年型等级数据收集

①海南秀英单产大小年年型等级确定方法和数据收集：通过公开信息收集海南省海口市秀英区荔枝单产大小年年型等级数据，秀英区荔枝面积多年平均约 10 万亩，收集到大年和小年的历史年型 16 年数据（表 1－2），其中大年年型 7 年（2002、2007、2009、2013、2018、2020、2021），小年年型 9 年（2003、2008、2010、2011、2012、2015、2016、2017、2022），并将 2020、2021、2022 年 3 年作为验证年，不参与建模，参与建模年为 13 年。大年赋值 5，小年赋值 1。

②单产数据划分为年型等级方法：本案例收集到的数据为年型数据，因为不需要使用归一化方法将单产数据划分为年型这一步骤。

表 1-2　秀英荔枝单产大小年年型等级数据

年型	建模年	验证年	赋值
大年	2002、2007、2009、2013、2018	2020、2021	5
小年	2003、2008、2010、2011、2012、2015、2016、2017	2022	1

（2）生产周期的确定　海南秀英荔枝收获月为 5～6 月，所以将 7 月确定为下一个生产周期的首月，从 7 月 1 日向后的 365d 作为筛选关键气象指标的时间段，即上一年 7 月 1 日至当年 6 月 30 日为一个生产周期。

（3）气象数据的收集　收集距离秀英区最近的气象站的相关年的逐日气象数据，包括每日的最高温度、平均温度、最低温度、平均相对湿度、最小相对湿度、日照时数、降水量，获得 16 年×365d×7 个气象指标＝40 880 个气象数据，见表 1-3。

表 1-3　秀英逐日气象数据

年份	逐日气象数据	气象指标
2002	2001 年 7 月 1 日至 2002 年 6 月 30 日	7 个气象指标
2003	2002 年 7 月 1 日至 2003 年 6 月 30 日	7 个气象指标
2007	2006 年 7 月 1 日至 2007 年 6 月 30 日	7 个气象指标
2008	2007 年 7 月 1 日至 2008 年 6 月 30 日	7 个气象指标
2009	2008 年 7 月 1 日至 2009 年 6 月 30 日	7 个气象指标
2010	2009 年 7 月 1 日至 2010 年 6 月 30 日	7 个气象指标
2011	2010 年 7 月 1 日至 2011 年 6 月 30 日	7 个气象指标
2012	2011 年 7 月 1 日至 2012 年 6 月 30 日	7 个气象指标
2013	2012 年 7 月 1 日至 2013 年 6 月 30 日	7 个气象指标
2015	2014 年 7 月 1 日至 2015 年 6 月 30 日	7 个气象指标
2016	2015 年 7 月 1 日至 2016 年 6 月 30 日	7 个气象指标
2017	2016 年 7 月 1 日至 2017 年 6 月 30 日	7 个气象指标
2018	2017 年 7 月 1 日至 2018 年 6 月 30 日	7 个气象指标
2020	2019 年 7 月 1 日至 2020 年 6 月 30 日	7 个气象指标
2021	2020 年 7 月 1 日至 2021 年 6 月 30 日	7 个气象指标
2022	2021 年 7 月 1 日至 2022 年 6 月 30 日	7 个气象指标

（4）秀英气象指标变量　如前所述，获得 119 560 个气象指标变量。

（5）影响单产大小年年型等级的关键气象指标的筛选方法　使用自编软件自动计算 119 560 个相关系数，获得两个关键气象指标，即“上一年 8 月 1～15 日日照时数的累计（X_1）”和“当年 2 月 10～28（或 29）日平均气温（X_2）”，分别与 Y 呈负相关和正相关，相关系数分别达到－0.697** 和 0.473（$r_{0.10}$＝0.476）。X_2为全部气象指标中第 2 个相关系数最大的变量，相关系数接近 10％水平下相关，暂时候选为关键指标。

以下（6）～（10）步骤见第九章。

（6）单一关键气象指标与年型关系的预测模型

（7）多个关键气象指标构建多元回归预测模型

（8）多个关键气象指标构建多因素判别预测模型

（9）模型筛选方法

第二章　广西合浦荔枝单产大小年年型等级预测模型的建立

第一节　影响合浦荔枝单产大小年年型等级的关键气象指标

对合浦荔枝单产大小年年型等级的关键气象指标筛选结果如表 2-1 所示，关键气象指标数据见表 2-2。

表 2-1　影响合浦荔枝单产大小年年型等级的关键气象指标

变量和单位	定义	与单产关系
X（℃）	当年 1 月 1 日至 2 月 10 日每日最低温度的平均	负相关关系

表 2-2　影响合浦荔枝单产大小年年型等级气象指标的数据

年份	X（℃）	Y	年份	X（℃）	Y
1990	11.96	3	2005	12.26	3
1991	13.44	2	2006	13.65	2
1992	11.62	4	2007	11.32	5
1993	11.06	4	2008	8.44	5
1994	14.68	2	2009	11.21	4
1995	10.64	4	2010	14.95	2
1996	10.71	4	2011	9.00	5
1997	12.42	3	2012	10.25	3
1998	12.08	3	2013	12.76	3
1999	12.85	3	2014	12.50	3
2000	12.64	1	2015	12.49	2
2001	12.91	1	2016	11.56	4
2002	12.45	3	2017	14.78	1
2003	11.70	3	2018	11.99	5
2004	11.54	3	2019	14.64	1

注：表中 Y 为荔枝当年实际单产大小年年型等级，共分为 5 级。1 为单产小年，5 为单产大年；合计 30 年，其中，2014—2019 年 6 年作为验证年，不参与建模。

第二节　合浦荔枝单产大小年年型等级与关键气象指标关系模型

对表 2-2 中影响合浦荔枝单产大小年年型等级的一个关键指标与合浦荔枝单产大小年年型等级关系制作散点图，并配回归方程，结果见图 2-1。

图 2-1 说明，合浦荔枝单产大小年年型等级与当年 1 月 1 日至 2 月 10 日每日最低温度的平均（X）呈极显著负相关关系；荔枝单产大小年年型等级随着 X 的增加而降低；回归方程为 $Y=0.0178X^2-0.9871X+12.3370$（$r=-0.785^{**}$，$n=24$，$r_{0.05}=0.404$，$r_{0.01}=0.515$）。

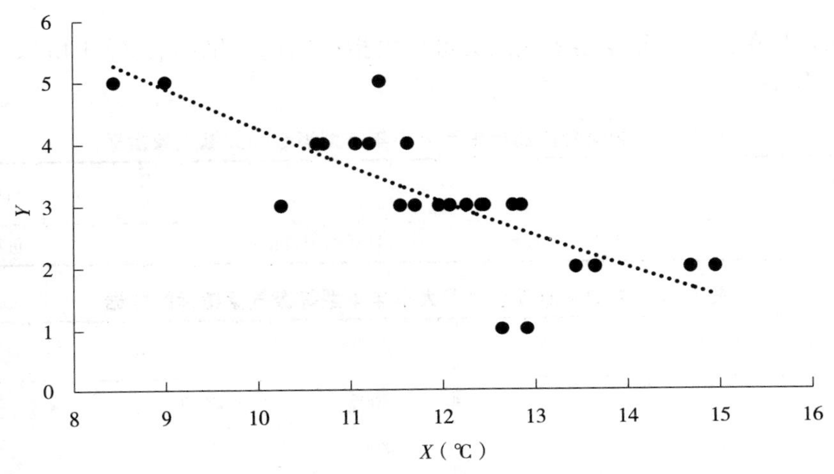

图 2-1　合浦荔枝单产大小年年型等级 Y 与 X 的关系

第三节　合浦荔枝单产大小年年型等级多元回归预测模型

1. 多元回归预测模型　基于表 2-2 中的一个关键气象指标，对合浦 24 年已知荔枝单产大小年年型等级 Y 与表 2-2 中的 X 进行一元回归。由于只有一个自变量，所以多元回归即为一元回归，回归方程见本章第二节。

2. 多元回归预测模型自回归误差　表 2-3 表明，模型自回归预测误差 24 年中有 20 年预测合格，在±1 个等级误差内的比例为 83.33%，预测模型合格。

表 2-3　合浦荔枝单产大小年年型等级预测模型自回归结果

年份	Y	Y'	预测误差	年份	Y	Y'	预测误差
1990	3	3.07	0.07	1993	4	3.59	−0.41
1991	2	2.28	0.28	1994	2	1.68	−0.32
1992	4	3.27	−0.73	1995	4	3.85	−0.15

（续）

年份	Y	Y'	预测误差	年份	Y	Y'	预测误差
1996	4	3.80	−0.20	2005	3	2.91	−0.09
1997	3	2.82	−0.18	2006	2	2.17	0.17
1998	3	3.01	0.01	2007	5	3.44	−1.56
1999	3	2.59	−0.41	2008	5	5.27	0.27
2000	1	2.70	1.70	2009	4	3.50	−0.50
2001	1	2.56	1.56	2010	2	1.55	−0.45
2002	3	2.80	−0.20	2011	5	4.89	−0.11
2003	3	3.22	0.22	2012	3	4.09	1.09
2004	3	3.31	0.31	2013	3	2.63	−0.37

注：表中 Y 为荔枝当年实际单产大小年年型等级；Y' 为通过模型自回归预测的荔枝当年单产大小年年型等级；预测误差 $=Y'-Y$。

3. 多元回归预测模型验证　用基于表 4－2 的一个关键气象指标构建的综合预测模型 $Y=0.0178X^2-0.9871X+12.3370$（$r=-0.785^{**}$，$n=24$，$r_{0.05}=0.404$，$r_{0.01}=0.515$）预测并验证已知年型，除 2018 年预测误差不合格外，其他预测误差均合格，模型合格率为 83.33%，说明模型预测结果合格（表 2－4）。

表 2－4　合浦荔枝单产大小年年型等级预测结果

年份	Y	Y'	预测误差
2014	3	2.77	−0.23
2015	2	2.78	0.78
2016	4	3.30	−0.70
2017	1	1.63	0.63
2018	5	3.06	−1.94
2019	1	1.69	0.69

4. 多元回归预测模型关键气象指标范围　表 2－5 为合浦荔枝单产大小年年型等级的多元回归预测模型的关键气象指标范围。

表 2－5　合浦荔枝最佳气象指标范围

指标	大年（n=4）	偏大年（n=6）	平年（n=11）	偏小年（n=5）	小年（n=4）
X（℃）	8.44～11.99	10.64～11.62	10.25～12.85	12.49～14.95	12.64～14.78

第四节　合浦荔枝单产大小年年型等级判别模型的建立

表 2－6 为已知 30 年的数据，其中大年 4 年、偏大年 6 年、平年 11 年、偏小年 5 年、

小年4年，并将5种年型划分为2组，其中非偏小年和非小年有16年，包括3、4、5年型，非偏大年和非大年有14年，包括1、2、3年型，3年型有交叉。其中2014—2019年作为验证年，不参与判别模型的构建。

表2-6　合浦荔枝单产大小年年型等级判别分析结果

年份	X（℃）	Y	Y′	年份	X（℃）	Y	Y′
1990	11.96	3	非偏小年和非小年	2005	12.26	3	非偏小年和非小年
1991	13.44	2	非偏大年和非大年	2006	13.65	2	非偏大年和非大年
1992	11.62	4	非偏小年和非小年	2007	11.32	5	非偏小年和非小年
1993	11.06	4	非偏小年和非小年	2008	8.44	5	非偏小年和非小年
1994	14.68	2	非偏大年和非大年	2009	11.21	4	非偏小年和非小年
1995	10.64	4	非偏小年和非小年	2010	14.95	2	非偏大年和非大年
1996	10.71	4	非偏小年和非小年	2011	9.00	5	非偏小年和非小年
1997	12.42	3	非偏大年和非大年	2012	10.25	3	非偏小年和非小年
1998	12.08	3	非偏小年和非小年	2013	12.76	3	非偏大年和非大年
1999	12.85	3	非偏大年和非大年	2014	12.50	3	非偏大年和非大年
2000	12.64	1	非偏大年和非大年	2015	12.49	2	非偏大年和非大年
2001	12.91	1	非偏大年和非大年	2016	11.56	4	非偏小年和非小年
2002	12.45	3	非偏大年和非大年	2017	14.78	1	非偏大年和非大年
2003	11.70	3	非偏小年和非小年	2018	11.99	5	非偏小年和非小年
2004	11.54	3	非偏小年和非小年	2019	14.64	1	非偏大年和非大年

1. 多因素判别预测模型　判别模型构建方法：

利用表2-6已知年型24年构造判别条件，利用2014—2019年6年年型作为判别模型的验证，得到：

①当年1月1日至2月10日每日最低温度的平均（X）<12.3℃为非偏小年和非小年，包括大年、偏大年、平年。

②当年1月1日至2月10日每日最低温度的平均（X）≥12.3℃为非偏大年和非大年，包括平年、偏小年、小年。

2. 多因素判别预测模型误差　判别结果：应用表2-6中的一个判别条件判别，14个调查为大年、偏大年、平年的年型判别结果正确，10个调查为平年、偏小年、小年的年型判别结果正确。

3. 多因素判别预测模型验证　应用表2-6中的一个判别条件，判别2014—2019年6年验证年，其中2016、2018年判别结果正确，为非偏小年和非小年，而2014、2015、2017、2019年判别结果正确，为非偏大年和非大年。

4. 多因素判别预测模型关键气象指标范围　合浦荔枝单产大小年年型等级的关键气象指标范围如下：

①当年1月1日至2月10日每日最低温度的平均（X）<12.3℃为非偏小年和非小

年，包括大年、偏大年、平年。

②当年1月1日至2月10日每日最低温度的平均（X）≥12.3℃为非偏大年和非大年，包括平年、偏小年、小年。

第五节　讨　　论

本案例中：X为当年1月1日至2月10日每日最低温度的平均（℃），此时荔枝处于花芽开始萌发生长期和花穗生长、现蕾期，温度越低越有利于花芽分化和单产的形成[18—19,21—22,28—31,33]。

第六节　结　　论

①影响合浦区荔枝单产大小年年型等级的关键气象指标有一个，即“当年1月1日至2月10日每日最低温度的平均（X）”。

②判别模型优于多元回归预测模型。

③使用判别模型时：当年1月1日至2月10日每日最低温度的平均（X）＜12.3℃为非偏小年和非小年，包括大年、偏大年、平年；当年1月1日至2月10日每日最低温度的平均（X）≥12.3℃为非偏大年和非大年，包括平年、偏小年、小年。

第三章 广西灵山荔枝单产大小年年型等级预测模型的建立

第一节 影响灵山荔枝单产大小年年型等级的关键气象指标

对灵山荔枝单产大小年年型等级的关键气象指标筛选结果如表 3－1 所示，关键气象指标数据见表 3－2。

表 3－1 影响灵山荔枝单产大小年年型等级的关键气象指标

变量和单位	定义	与单产关系
X_1（℃）	上一年 12 月 1～31 日每日最低温度的平均	负相关
X_2（%）	上一年 12 月 1～31 日每日平均相对湿度的平均	负相关

表 3－2 影响灵山荔枝单产大小年年型等级气象指标的数据

年份	X_1（℃）	X_2（%）	Y	年份	X_1（℃）	X_2（%）	Y
1991	13.08	72.74	2	2006	10.05	66.03	5
1992	12.51	79.42	2	2007	10.37	69.81	4
1993	12.63	77.03	2	2008	13.36	73.23	2
1994	9.46	69.48	5	2009	9.61	73.45	4
1995	13.34	82.65	1	2010	12.30	76.39	2
1996	10.06	69.03	4	2011	11.34	73.71	3
1997	11.10	67.00	4	2012	9.55	62.58	5
1998	12.72	78.55	2	2013	11.98	73.94	3
1999	12.15	71.03	3	2014	7.65	73.45	5
2000	9.10	63.84	5	2015	9.73	72.03	4
2001	11.98	71.00	3	2016	11.99	81.00	2
2002	10.26	77.58	3	2017	12.80	75.23	2
2003	12.19	82.90	2	2018	11.14	74.06	5
2004	8.80	67.26	5	2019	12.51	86.45	1
2005	10.14	70.77	4	2020	11.45	72.90	3

注：表中 Y 为荔枝当年实际单产大小年年型等级，共分为 5 级。1 为单产小年，5 为单产大年；合计 30 年，其中，1995、1998、1999、2000、2005 年 5 年作为验证年，不参与建模。

第二节　灵山荔枝单产大小年年型等级与关键气象指标关系模型

对表 3－2 中影响灵山荔枝单产大小年年型等级的两个关键指标与灵山荔枝单产大小年年型等级关系制作散点图，并配回归方程，结果分别见图 3－1、图 3－2。

图 3－1 说明，灵山区荔枝单产大小年年型等级与上一年 12 月 1～31 日每日最低温度的平均（X_1）呈极显著负相关关系；荔枝单产大小年年型等级随着 X_1 的增加而降低；回归方程为 $Y=-0.0806X_1^2+0.9972X_1+2.3298$（$r=-0.880^{**}$，$n=25$，$r_{0.05}=0.396$，$r_{0.01}=0.505$）。

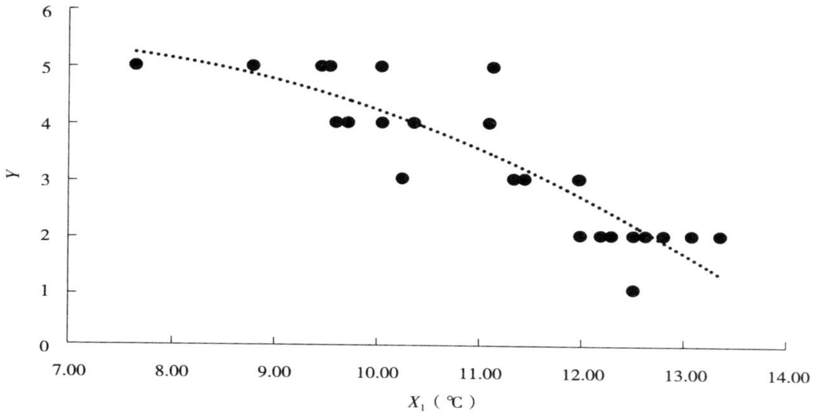

图 3－1　灵山荔枝单产大小年年型等级 Y 与 X_1 的关系

图 3－2 说明，灵山区荔枝单产大小年年型等级与上一年 12 月 1～31 日每日平均相对湿度的平均（X_2）呈极显著负相关关系；荔枝单产大小年年型等级随着 X_2 的增加而降低；回归方程为 $Y=345.8052e^{0.0645Z}$（$r=-0.807^{**}$，$n=25$，$r_{0.05}=0.396$，$r_{0.01}=0.505$），其中 $Z=X_2$。

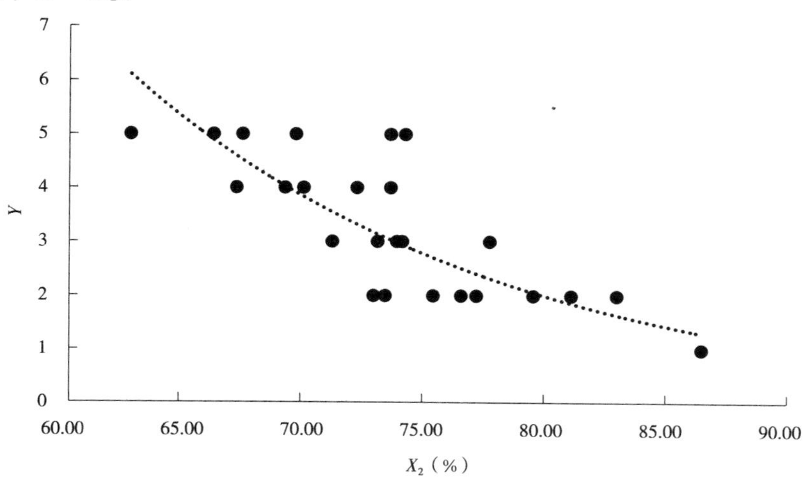

图 3－2　灵山荔枝单产大小年年型等级 Y 与 X_2 的关系

第三节　灵山荔枝单产大小年年型等级多元回归预测模型

1. 多元回归预测模型　基于表 3-2 中的两个关键气象指标，对灵山 25 年已知荔枝单产大小年年型等级 Y 与表 3-2 中的 X_1 和 X_2 进行二元回归，得到 $Y=16.8672-0.5442X_1-0.1025X_2$（$r=0.942^{**}$，$n=25$，$r_{0.05}=0.404$，$r_{0.01}=0.515$）。

2. 多元回归预测模型自回归误差　表 3-3 表明，模型自回归预测误差 25 年中有 24 年预测合格，在±1 个等级误差内的比例为 96.00%，预测模型合格。

表 3-3　灵山荔枝单产大小年年型等级预测模型自回归结果

年份	X_1（℃）	X_2（%）	Y	Y'	误差
1991	13.08	72.74	2	2.29	0.29
1992	12.51	79.42	2	1.92	−0.08
1993	12.63	77.03	2	2.10	0.10
1994	9.46	69.48	5	4.59	−0.41
1996	10.06	69.03	4	4.31	0.31
1997	11.10	67.00	4	3.95	−0.05
2001	11.98	71.00	3	3.07	0.07
2002	10.26	77.58	3	3.33	0.33
2003	12.19	82.90	2	1.73	−0.27
2004	8.80	67.26	5	5.18	0.18
2006	10.05	66.03	5	4.63	−0.37
2007	10.37	69.81	4	4.07	0.07
2008	13.36	73.23	2	2.09	0.09
2009	9.61	73.45	4	4.11	0.11
2010	12.30	76.39	2	2.34	0.34
2011	11.34	73.71	3	3.14	0.14
2012	9.55	62.58	5	5.25	0.25
2013	11.98	73.94	3	2.76	−0.24
2014	7.65	73.45	5	5.17	0.17
2015	9.73	72.03	4	4.19	0.19
2016	11.99	81.00	2	2.03	0.03
2017	12.80	75.23	2	2.19	0.19
2018	11.14	74.06	5	3.21	−1.79
2019	12.51	86.45	1	1.19	0.19
2020	11.45	72.90	3	3.16	0.16

注：表中 Y 为荔枝当年实际单产大小年年型等级；Y' 为通过模型自回归预测的荔枝当年单产大小年年型等级；预测误差 $=Y'-Y$。

3. 多元回归预测模型验证　用基于表 3－2 的两个关键指标构建的多元回归预测模型 $Y=16.8672-0.5442X_1-0.1025X_2$（$r=0.942^{**}$，$n=25$，$r_{0.05}=0.404$，$r_{0.01}=0.515$）预测并验证已知年型的 1995、1998、1999、2000、2005。验证结果全部正确，结果见表 3－4。

表 3－4　灵山荔枝单产大小年年型等级预测结果

年份	X_1（℃）	X_2（%）	Y	Y'	误差
1995	13.34	82.65	1	1.13	0.13
1998	12.72	78.55	2	1.89	－0.11
1999	12.15	71.03	3	2.97	－0.03
2000	9.10	63.84	5	5.37	0.37
2005	10.14	70.77	4	4.09	0.09

4. 多元回归预测模型关键气象指标范围　表 3－5 为灵山荔枝单产大小年年型等级的多元回归预测模型的关键气象指标范围。

表 3－5　灵山荔枝的气象指标范围

指标	大年或偏大年（n=13）	非大年或非偏大年（n=17）
X_1（℃）	7.65（℃）$\leqslant X_1\leqslant$11.14（℃）	10.26（℃）$\leqslant X_1\leqslant$13.36（℃）
X_2（%）	62.58（%）$\leqslant X_2\leqslant$74.06（%）	71.00（℃）$\leqslant X_1\leqslant$86.45（℃）

第四节　灵山荔枝单产大小年年型等级判别模型的建立

1. 多因素判别预测模型　判别模型构建方法：

利用表 3－2 已知年型 25 年（1991—1994、1996—1997、2001—2004、2006—2020）构造判别条件，利用已知年型 5 年（1995、1998、1999、2000、2005）作为判别模型的验证，得到：

①两个关键气象指标能够同时满足 7.65（℃）$\leqslant X_1\leqslant$11.14（℃）和 62.58（%）$\leqslant X_2\leqslant$74.06（%）的年型为大年或偏大年。

②两个关键气象指标不能同时满足 7.65（℃）$\leqslant X_1\leqslant$11.14（℃）和 62.58（%）$\leqslant X_2\leqslant$74.06（%）的年型为非大年或非偏大年。

2. 多因素判别预测模型误差　应用判别模型的 2 个判别条件判别：11 个调查为大年和偏大年年型的判别结果正确，14 个调查为非大年和非偏大年年型的判别结果正确。

3. 多因素判别预测模型验证　判别结果：2000、2005 年 2 个年型为大年或偏大年，正确；1995、1998、1999 年 3 个年型为非大年或偏大年，正确。

4. 多因素判别预测模型关键气象指标范围　灵山荔枝单产大小年年型等级的关键气象指标范围：

①大年和偏大年的 2 个关键气象指标同时满足：上一年 12 月 1～31 日每日最低温度

的平均 7.65（℃）$\leqslant X_1 \leqslant$11.14（℃）；上一年 12 月 1～31 日每日平均相对湿度的平均 62.58（%）$\leqslant X_2 \leqslant$74.06（%）。

②非大年和非偏大年的 2 个关键气象指标不能同时满足：上一年 12 月 1～31 日每日最低温度的平均 7.65（℃）$\leqslant X_1 \leqslant$11.14（℃）；上一年 12 月 1～31 日每日平均相对湿度的平均 62.58（%）$\leqslant X_2 \leqslant$74.06（%）。

第五节　讨　　论

本案例中：

①X_1为上一年 12 月 1～31 日每日最低温度的平均，此时荔枝处于花芽分化期，低温有利于花芽分化和单产的形成[18－19,21－22,28－31,33]。

②X_2为上一年 12 月 1～31 日每日平均相对湿度的平均，此时荔枝处于花芽分化期，相对湿度低时有利于花芽分化和单产的形成[18－19,21－22,28－31,33]。

第六节　结　　论

①影响灵山区荔枝单产大小年年型等级的关键气象指标有两个，即“上一年 12 月 1～31 日每日最低温度的平均”和“上一年 12 月 1～31 日每日平均相对湿度的平均”。

②判别模型和多元回归预测模型结果吻合。

③大年和偏大年的 2 个关键气象指标同时满足：上一年 12 月 1～31 日每日最低温度的平均 7.65（℃）$\leqslant X_1 \leqslant$11.14（℃）；上一年 12 月 1～31 日每日平均相对湿度的平均 62.58（%）$\leqslant X_2 \leqslant$74.06（%）。

④非大年和非偏大年的 2 个关键气象指标不能同时满足：上一年 12 月 1～31 日每日最低温度的平均 7.65（℃）$\leqslant X_1 \leqslant$11.14（℃）；上一年 12 月 1～31 日每日平均相对湿度的平均 62.58（%）$\leqslant X_2 \leqslant$74.06（%）。

第四章 广西浦北荔枝单产大小年年型等级预测模型的建立

第一节 影响浦北荔枝单产大小年年型等级的关键气象指标

对浦北荔枝单产大小年年型等级的关键气象指标筛选结果如表 4-1 所示，关键气象指标数据见表 4-2。

表 4-1 影响浦北荔枝单产大小年年型等级的关键气象指标

变量和单位	定义	与单产关系
X（h）	上一年 10 月 1～31 日每日日照时数的累计	正相关关系

表 4-2 影响浦北荔枝单产大小年年型等级气象指标的数据

年份	X（h）	Y	年份	X（h）	Y
1991	176.4	2	2006	198.9	4
1992	205.0	4	2007	218.5	5
1993	238.2	5	2008	212.7	5
1994	212.0	5	2009	185.0	3
1995	227.2	5	2010	174.0	3
1996	138.0	1	2011	168.2	2
1997	222.6	5	2012	151.8	3
1998	179.4	3	2013	185.8	3
1999	223.9	5	2014	202.6	4
2000	164.2	1	2015	220.8	5
2001	154.5	1	2016	195.9	4
2002	147.4	1	2017	243.6	5
2003	188.2	3	2018	206.9	5
2004	220.6	5	2019	155.3	1
2005	235.3	5	2020	178.3	3

注：表中 Y 为荔枝当年实际单产大小年年型等级，共分为 5 级。1 为单产小年，5 为单产大年；合计 30 年，其中，2018、2019、2020 年 3 年作为验证年，不参与建模。

第二节　浦北荔枝单产大小年年型等级与关键气象指标关系模型

对表 4-2 中影响浦北荔枝单产大小年年型等级的一个关键指标与浦北荔枝单产大小年年型等级关系制作散点图，并配回归方程，结果见图 4-1。

图 4-1 说明，浦北区荔枝单产大小年年型等级与上一年 10 月 1～31 日每日日照时数的累计（X）呈极显著正相关关系；荔枝单产大小年年型等级随着 X 的增加而增加，此段时间大年的日照时数在 205h 以上；回归方程为 $Y=-0.0001X^2+0.1015X-10.6415$（$r=0.937^{**}$，$n=27$，$r_{0.05}=0.387$，$r_{0.01}=0.487$）。

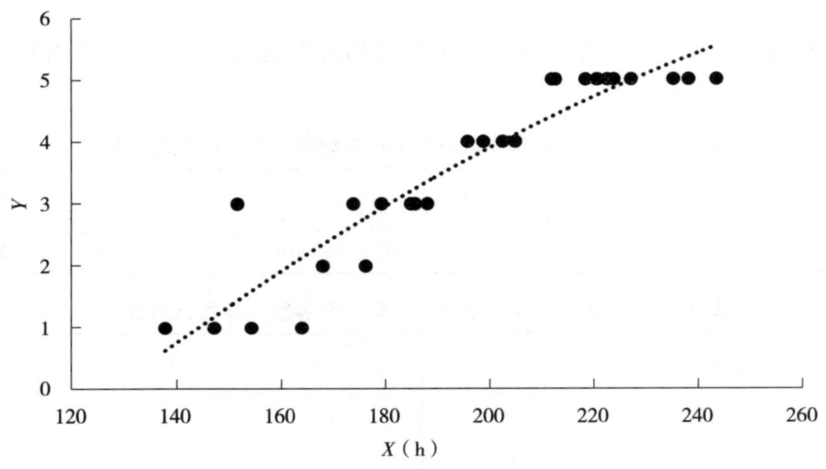

图 4-1　浦北区荔枝单产大小年年型等级 Y 与 X 的关系

第三节　浦北荔枝单产大小年年型等级多元回归预测模型

1. 多元回归预测模型　基于表 4-2 中的一个关键气象指标，对浦北 27 年已知荔枝单产大小年年型等级 Y 与表 4-2 中的 X 进行一元回归。由于只有一个自变量，所以多元回归即为一元回归，回归方程见本章第二节。

2. 多元回归预测模型自回归误差　表 4-3 表明，模型自回归预测误差 27 年中有 25 年预测合格，在±1 个等级误差内的比例为 92.59%，预测模型合格。

表 4-3　浦北荔枝单产大小年年型等级预测模型自回归结果

年份	X（h）	Y	Y'	误差
1991	176.4	2	2.69	0.69
1992	205.0	4	4.01	0.01
1993	238.2	5	5.54	0.54
1994	212.0	5	4.33	−0.67

（续）

年份	X（h）	Y	Y'	误差
1995	227.2	5	5.04	0.04
1996	138.0	1	0.92	−0.08
1997	222.6	5	4.82	−0.18
1998	179.4	3	2.83	−0.17
1999	223.9	5	4.88	−0.12
2000	164.2	1	2.13	1.13
2001	154.5	1	1.68	0.68
2002	147.4	1	1.35	0.35
2003	188.2	3	3.23	0.23
2004	220.6	5	4.73	−0.27
2005	235.3	5	5.41	0.41
2006	198.9	4	3.73	−0.27
2007	218.5	5	4.63	−0.37
2008	212.7	5	4.37	−0.63
2009	185.0	3	3.09	0.09
2010	174.0	3	2.58	−0.42
2011	168.2	2	2.31	0.31
2012	151.8	3	1.55	−1.45
2013	185.8	3	3.12	0.12
2014	202.6	4	3.90	−0.10
2015	220.8	5	4.74	−0.26
2016	195.9	4	3.59	−0.41
2017	243.6	5	5.79	0.79

注：表中 Y 为荔枝当年实际单产大小年年型等级；Y' 为通过模型自回归预测的荔枝当年单产大小年年型等级；预测误差 $=Y'-Y$。

3. 多元回归预测模型验证 用基于表 4－2 的一个关键指标构建的多元回归预测模型 $Y=-0.0001X^2+0.1015X-10.6415$（$r=0.937^{**}$，$n=27$，$r_{0.05}=0.387$，$r_{0.01}=0.487$）预测并验证已知年型的 2018、2019、2020。验证结果全部正确，结果见表 4－4。

表 4－4 浦北荔枝单产大小年年型等级预测结果

年份	X（h）	Y	Y'	误差
2018	206.9	5	4.10	−0.90
2019	155.3	1	1.71	0.71
2020	178.3	3	2.78	−0.22

4. 多元回归预测模型关键气象指标范围 由于基于表4-2的一个关键指标构建的多元回归预测模型自回归结果合格，所以确定了关键气象指标范围（表4-5）。

表4-5 浦北荔枝的气象指标范围

指标	大年或偏大年（n=16）	非大年或非偏大年（n=14）
X（h）	$195.9 \leqslant X \leqslant 243.6$	$138 \leqslant X \leqslant 188.2$

第四节 浦北荔枝单产大小年年型等级判别模型的建立

表4-6为已知27年的数据（大年11年、小年4年、其他年12年）。其中2018、2019、2020年作为验证年，不参与判别模型的构建。

表4-6 浦北荔枝单产大小年年型等级判别分析结果

年份	X（h）	Y	Y′
1991	176.40	2	非大年非偏大年
1992	205.00	4	5
1993	238.20	5	5
1994	212.00	5	5
1995	227.20	5	5
1996	138.00	1	非大年非偏大年
1997	222.60	5	5
1998	179.40	3	非大年非偏大年
1999	223.90	5	5
2000	164.20	1	非大年非偏大年
2001	154.50	1	非大年非偏大年
2002	147.40	1	非大年非偏大年
2003	188.20	3	非大年非偏大年
2004	220.60	5	5
2005	235.30	5	5
2006	198.90	4	5
2007	218.50	5	5
2008	212.70	5	5
2009	185.00	3	非大年非偏大年
2010	174.00	3	非大年非偏大年
2011	168.20	2	非大年非偏大年
2012	151.80	3	非大年非偏大年

（续）

年份	X（h）	Y	Y′
2013	185.80	3	非大年非偏大年
2014	202.60	4	5
2015	220.80	5	5
2016	195.90	4	5
2017	243.60	5	5
2018	206.90	5	5
2019	155.30	1	非大年非偏大年
2020	178.30	3	非大年非偏大年

1. 多因素判别预测模型　判别模型构建方法：对已知年型27年的关键气象指标进行统计，得到：

①大年、偏大年的关键气象指标满足以下条件：上一年10月1～31日每日日照时数的累计>190（h）。

②非大年非偏大年的关键气象指标满足以下条件：上一年10月1～31日每日日照时数的累计≤190（h）。

2. 多因素判别预测模型误差　应用表4-6中的判别条件判别：15个调查为大年、偏大年年型的判别结果正确，4个调查为小年年型的判别结果为非大年非偏大年年型正确，8个调查为非大年非偏大年非小年年型的判别结果为非大年非偏大年年型正确。

3. 多因素判别预测模型验证　应用表4-6中的判别条件判别：2018年为大年，2019、2020年为非大年非偏大年，判别结果正确。

4. 多因素判别预测模型关键气象指标范围　浦北荔枝单产大小年年型等级的关键气象指标范围：

①大年偏大年的关键气象指标满足以下条件：上一年10月1～31日每日日照时数的累计>190（h）。

②非大年非偏大年的关键气象指标满足以下条件：上一年10月1～31日每日日照时数的累计≤190（h）。

第五节　讨　　论

本案例中：

①X为“上一年10月1～31日每日日照时数的累计”，此时荔枝处于末次秋梢生长期、老熟期，日照时数多时植株生长旺盛，恢复树势，对下一年单产的形成有正面影响[21]。

②本案例基于1个关键气象指标建立的判别模型，只能判别出大年偏大年年型和非大年非偏大年年型，非大年非偏大年年型包括小年、偏小年、平年，由于气象条件的交叉影

响和历史数据的局限性，目前无法准确对非大年非偏大年年型进一步判别。

第六节 结 论

影响浦北荔枝单产大小年年型等级的关键气象指标有 1 个，即“上一年 10 月 1～31 日每日日照时数的累计”。

得到浦北荔枝单产大小年年型等级判别预测模型：

①当 $X>190$h 时即为大年偏大年年型。

②当 $X\leqslant190$h 时即为非大年非偏大年年型。

第五章　广西钦北荔枝单产大小年年型等级预测模型的建立

第一节　影响钦北荔枝单产大小年年型等级的关键气象指标

对钦北荔枝单产大小年年型等级的关键气象指标筛选结果如表 5－1 所示，关键气象指标数据见表 5－2。

表 5－1　影响钦北荔枝单产大小年年型等级的关键气象指标

变量和单位	定义	与单产关系
X_1（%）	上一年 12 月 1～31 日每日平均相对湿度的平均	负相关
X_2（℃）	上一年 12 月 1～31 日每日最低温度的平均	负相关

表 5－2　影响钦北荔枝单产大小年年型等级气象指标的数据

年份	X_1（%）	X_2（℃）	Y	年份	X_1（%）	X_2（℃）	Y
1991	70.55	14.60	1	2006	60.13	12.50	4
1992	75.94	13.96	1	2007	57.10	13.75	4
1993	75.71	14.48	1	2008	69.52	15.54	1
1994	64.52	11.10	5	2009	66.42	12.43	4
1995	80.16	14.37	1	2010	71.90	14.25	2
1996	63.71	11.86	4	2011	69.32	14.12	2
1997	64.55	12.92	4	2012	53.65	12.21	5
1998	77.39	14.02	1	2013	71.94	13.74	2
1999	64.71	14.34	3	2014	62.13	10.60	5
2000	58.90	11.29	5	2016	80.39	13.29	1
2001	67.45	14.27	2	2015	61.16	12.18	4
2002	75.81	11.82	1	2017	69.68	14.57	2
2003	80.77	13.49	1	2018	68.26	12.68	5
2004	60.58	12.60	4	2019	87.84	13.38	1
2005	66.13	13.29	4	2020	67.55	13.14	3

注：表中 Y 为荔枝当年实际单产大小年年型等级，共分为 5 级。1 为单产小年，5 为单产大年；合计 30 年，其中 2015、2017、2018、2019、2020 年作为验证年，不参与建模。

第二节　钦北荔枝单产大小年年型等级与关键气象指标关系模型

对表 5-2 中影响钦北荔枝单产大小年年型等级的两个关键指标与钦北荔枝单产大小年年型等级关系制作散点图，并配回归方程，结果见图 5-1、图 5-2。

图 5-1 说明，钦北区荔枝单产大小年年型等级与上一年 12 月 1～31 日每日平均相对湿度的平均（X_1）呈极显著负相关关系；荔枝单产大小年年型等级随着 X_1 的增加而降低；回归方程为 $Y=487.8920\ e^{0.0788Z}$（r＝－0.890**，n＝25，$r_{0.05}=0.396$，$r_{0.01}=0.505$），其中 $Z=X_1$。

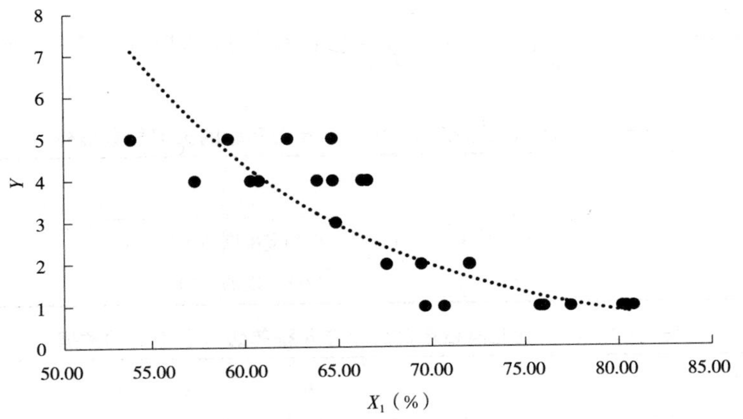

图 5-1　钦北区荔枝单产大小年年型等级 Y 与 X_1 的关系

图 5-2 说明，钦北区荔枝单产大小年年型等级与上一年 12 月 1～31 日每日最低温度的平均（X_2）呈极显著负相关关系；荔枝单产大小年年型等级随着 X_2 的增加而降低；回归方程为 $Y=-0.0100X_2^2-0.6727X_2+13.3821$（r＝－0.733**，n＝25，$r_{0.05}=0.396$，$r_{0.01}=0.505$）。

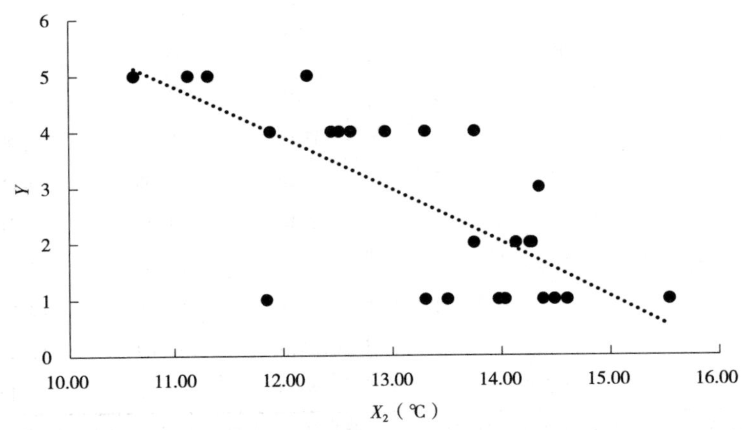

图 5-2　钦北荔枝单产大小年年型等级 Y 与 X_2 的关系

第三节　钦北荔枝单产大小年年型等级多元回归预测模型

1. 多元回归预测模型　基于表 5－2 中的两个关键气象指标，对钦北 25 年已知荔枝单产大小年年型等级 Y 与表 5－2 中的 X_1 和 X_2 进行二元回归，得到 $Y=19.4664-0.1448X_1-0.5174X_2$（$r=0.953^{**}$，$n=25$，$r_{0.05}=0.404$，$r_{0.01}=0.515$）。

2. 多元回归预测模型自回归误差　表 5－3 表明，模型自回归预测误差 25 年中有 24 年预测合格，在±1 个等级误差内的比例为 96.00%，预测模型合格。

表 5－3　钦北荔枝单产大小年年型等级预测模型自回归结果

年份	X_1（%）	X_2（℃）	Y	Y'	误差
1991	70.55	14.60	1	1.70	0.70
1992	75.94	13.96	1	1.25	0.25
1993	75.71	14.48	1	1.01	0.01
1994	64.52	11.10	5	4.38	−0.62
1995	80.16	14.37	1	0.42	−0.58
1996	63.71	11.86	4	4.11	0.11
1997	64.55	12.92	4	3.44	−0.56
1998	77.39	14.02	1	1.01	0.01
1999	64.71	14.34	3	2.68	−0.32
2000	58.90	11.29	5	5.10	0.10
2001	67.45	14.27	2	2.32	0.32
2002	75.81	11.82	1	2.37	1.37
2003	80.77	13.49	1	0.79	−0.21
2004	60.58	12.60	4	4.17	0.17
2005	66.13	13.29	4	3.02	−0.98
2006	60.13	12.50	4	4.30	0.30
2007	57.10	13.75	4	4.09	0.09
2008	69.52	15.54	1	1.36	0.36
2009	66.42	12.43	4	3.42	−0.58
2010	71.90	14.25	2	1.68	−0.32
2011	69.32	14.12	2	2.12	0.12
2012	53.65	12.21	5	5.38	0.38
2013	71.94	13.74	2	1.94	−0.06
2014	62.13	10.60	5	4.99	−0.01
2016	80.39	13.29	1	0.95	−0.05

注：表中 Y 为荔枝当年实际单产大小年年型等级；Y' 为通过模型自回归预测的荔枝当年单产大小年年型等级；预测误差$=Y'-Y$。

3. 多元回归预测模型验证 用基于表 5－2 的两个关键指标构建的多元回归预测模型 $Y=19.4664-0.1448X_1-0.5174X_2$（$r=0.953^{**}$，n＝25，$r_{0.05}=0.404$，$r_{0.01}=0.515$）预测并验证已知年型的 2015、2017、2018、2019、2020。验证结果合格率 60.0％，结果见表 5－4，模型验证结果不合格。

表 5－4 钦北荔枝单产大小年年型等级预测结果

年份	X_1（％）	X_2（℃）	Y	Y'	误差
2015	61.16	12.18	4	4.31	0.31
2017	69.68	14.57	2	1.84	－0.16
2018	68.26	12.68	5	3.02	－1.98
2019	87.84	13.38	1	－0.17	－1.17
2020	67.55	13.14	3	2.89	－0.11

4. 多元回归预测模型关键气象指标范围 由于基于表 5－2 的两个关键指标构建的多元回归预测模型验证结果不合格，所以无法确定关键气象指标范围。

第四节 钦北荔枝单产大小年年型等级判别模型的建立

1. 多因素判别预测模型 判别模型构建方法：

利用表 5－2 已知年型 25 年（1991—2014、2016 年）构造判别条件，利用 2015、2017—2020 年两个关键气象指标和 5 年年型作为判别模型的验证，得到：

①两个关键气象指标能够同时满足：$X_1<69.0\%$和 $X_2<14.0$℃的年型为大年和偏大年。

②两个关键气象指标不能同时满足：$X_1<69.0\%$和 $X_2<14.0$℃的年型为非大年和非偏大年。

2. 多因素判别预测模型误差 判别结果：11 个大年和偏大年年型判别结果正确；14 个非大年和非偏大年年型判别结果正确。

3. 多因素判别预测模型验证 判别结果：2015、2018 年 2 个年型为偏大年和大年，实际为偏大年和大年，正确；2019、2017、2020 年 3 个年型为小年、偏小年、平年，判别结果为 2019、2017 年为非偏大年和非大年，而 2020 年被误判为偏大年或大年，而实际年型为平年，与偏大年相比被误判为一个级别，模型合格率为 80.00％，模型合格。

4. 多因素判别预测模型关键气象指标范围 钦北荔枝单产大小年年型等级的关键气象指标范围：①两个关键气象指标能够同时满足：$X_1<69.0\%$和 $X_2<14.0$℃的年型为大年和偏大年；②两个关键气象指标不能同时满足：$X_1<69.0\%$和 $X_2<14.0$℃的年型为非大年和非偏大年。

第五节 讨 论

本案例中：

①X_1为上一年 12 月 1～31 日每日平均相对湿度的平均（％），此时荔枝处于花芽分

化期，相对湿度小时有利于花芽分化和单产的形成[18-19,21-22,28-31,33]。

②X_2为上一年 12 月 1～31 日每日最低温度的平均（℃），此时荔枝处于花芽分化期，低温有利于花芽分化和单产的形成[18-19,21-22,28-31,33]。

第六节　结　　论

①影响钦北区荔枝单产大小年年型等级的关键气象指标有两个，即“上一年 12 月 1～31 日每日平均相对湿度的平均（X_1）”和“上一年 12 月 1～31 日每日最低温度的平均（X_2）”。

②判别模型优于多元回归预测模型。

③使用判别模型时：两个关键气象指标能够同时满足 $X_1<69.0\%$和 $X_2<14.0$℃的年型为大年和偏大年；两个关键气象指标不能同时满足：$X_1<69.0\%$和 $X_2<14.0$℃的年型为非大年和非偏大年。

第六章　广西北流荔枝单产大小年年型等级预测模型的建立

第一节　影响北流荔枝单产大小年年型等级的关键气象指标

对北流荔枝单产大小年年型等级的关键气象指标筛选结果如表 6-1 所示，关键气象指标数据见表 6-2。

表 6-1　影响北流荔枝单产大小年年型等级的关键气象指标

变量和单位	定义	与单产关系
X_1（h）	当年 1 月 1～15 日每日日照时数的累积	正相关
X_2（℃）	当年 5 月 22 日至 6 月 30 日每日最低温度的平均	正相关

表 6-2　影响北流荔枝单产大小年年型等级气象指标的数据

年份	X_1（h）	X_2（℃）	Y
1990	12.70	24.05	1
1991	7.70	24.33	2
1993	20.80	24.49	1
1994	28.90	24.06	1
1998	21.50	24.35	1
2000	30.10	24.68	1
2001	29.00	24.39	1
2005	23.30	25.63	3
2007	47.20	25.86	5
2012	12.50	25.38	3
2014	57.40	25.33	4
2015	59.40	25.48	5
2016	31.60	25.35	4
2019	0.00	24.40	1

注：表中 Y 为荔枝当年实际单产大小年年型等级，共分为 5 级。1 为单产小年，5 为单产大年；合计 14 年，其中，1990、1998、2015 年 3 年作为验证年，不参与建模。

第二节　北流荔枝单产大小年年型等级与关键气象指标关系模型

对表 6－2 中影响北流荔枝单产大小年年型等级的两个关键指标与北流荔枝单产大小年年型等级关系制作散点图，并配回归方程，结果见图 6－1、图 6－2。

图 6－1 说明，北流区荔枝单产大小年年型等级与当年 1 月 1～15 日每日日照时数的累积（X_1）呈显著正相关关系；荔枝单产大小年年型等级随着 X_1 的增加而增加，此段时间大年和偏大年的日照时数在 30～60h 之间；回归方程为 $Y=0.001\ 1X_1^2-0.010\ 3X_1+1.612\ 7$（$r=0.617^*$，$n=11$，$r_{0.05}=0.602$，$r_{0.01}=0.735$）。

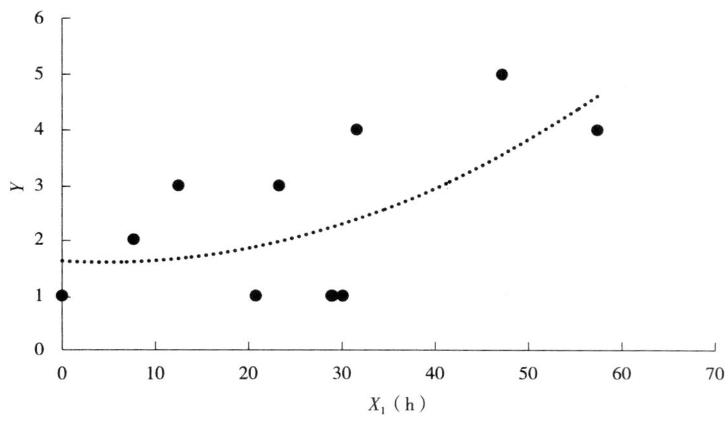

图 6－1　北流区荔枝单产大小年年型等级 Y 与 X_1 的关系

图 6－2 说明，北流区荔枝单产大小年年型等级与当年 5 月 22 日至 6 月 30 日每日最低温度的平均（X_2）呈极显著正相关关系；荔枝单产大小年年型等级随着 X_2 的增加而增加，此段时间大年的最低温度在 25℃以上；回归方程为 $Y=0.811\ 9X_2^2-38.352\ 0\ X_2+453.640\ 0$（$r=0.907^{**}$，$n=11$，$r_{0.05}=0.602$，$r_{0.01}=0.735$）。

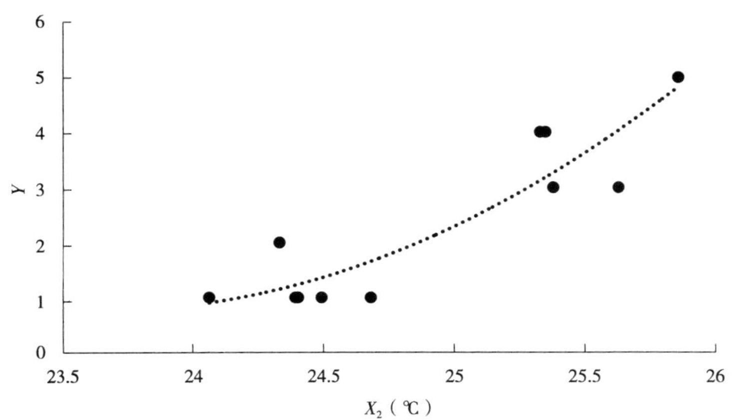

图 6－2　北流荔枝单产大小年年型等级 Y 与 X_2 的关系

第三节　北流荔枝单产大小年年型等级多元回归预测模型

1. 多元回归预测模型　基于表 6－2 中的两个关键气象指标，对北流 11 年已知荔枝单产大小年年型等级 Y 与表 6－2 中的 X_1 和 X_2 进行二元回归，得到 $Y=-46.8651+0.0170X_1+1.9591X_2$（$r=0.911^{**}$，$n=11$，$r_{0.05}=0.632$，$r_{0.01}=0.765$）。

2. 多元回归预测模型自回归误差　表 6－3 表明，模型自回归预测误差 11 年中有 9 年预测合格，在±1 个等级误差内的比例为 81.81%，预测模型合格。

表 6－3　北流荔枝单产大小年年型等级预测模型自回归结果

年份	X_1（h）	X_2（℃）	Y	Y'	预测误差
1991	7.70	24.33	2	0.93	－1.07
1993	20.80	24.49	1	1.47	0.47
1994	28.90	24.06	1	0.76	－0.24
2000	30.10	24.68	1	2.00	1.00
2001	29.00	24.39	1	1.41	0.41
2005	23.30	25.63	3	3.74	0.74
2007	47.20	25.86	5	4.60	－0.40
2012	12.50	25.38	3	3.07	0.07
2014	57.40	25.33	4	3.74	－0.26
2016	31.60	25.35	4	3.34	－0.66
2019	0.00	24.40	1	0.94	－0.06

注：表中 Y 为荔枝当年实际单产大小年年型等级；Y' 为通过模型自回归预测的荔枝当年单产大小年年型等级；预测误差$=Y'-Y$。

3. 多元回归预测模型验证　用基于表 6－2 的两个关键气象指标构建的综合预测模型 $Y=-46.8651+0.0170X_1+1.9591X_2$（$r=0.911^{**}$，$n=11$，$r_{0.05}=0.632$，$r_{0.01}=0.765$）预测并验证已知年型。验证结果年型等级预测误差均合格，说明模型预测结果合格（表 6－4）。

表 6－4　北流荔枝单产大小年年型等级预测结果

年份	X_1（h）	X_2（℃）	Y	Y'	预测误差
1990	12.70	24.05	1	0.47	－0.53
1998	21.50	24.35	1	1.21	0.21
2015	59.40	25.48	5	4.06	－0.94

4. 多元回归预测模型关键气象指标范围　由于基于表 6－2 的两个关键指标构建的多元回归预测模型自回归结果合格，所以确定了关键气象指标范围（表 6－5）。

表 6-5　北流荔枝最佳气象指标范围

指标	大年（n=2）	偏大年（n=2）	平年（n=2）	偏小年（n=1）	小年（n=7）
X_1（h）	47.20～59.40	31.60～57.40	12.50～23.30	7.70～7.70	0.00～30.10
X_2（℃）	25.48～25.86	25.33～25.35	25.38～25.63	24.33～24.33	24.05～24.68

第四节　北流荔枝单产大小年年型等级判别模型的建立

表 6-6 为已知 14 年的数据。其中 1990、1998 和 2015 年作为验证年，不参与判别模型的构建。

表 6-6　北流荔枝单产大小年年型等级判别分析结果

年份	X_1（h）	X_2（℃）	Y	Y′
1990	12.70	24.05	1	非大年和非偏大年
1991	7.70	24.33	2	非大年和非偏大年
1993	20.80	24.49	1	非大年和非偏大年
1994	28.90	24.06	1	非大年和非偏大年
1998	21.50	24.35	1	非大年和非偏大年
2000	30.10	24.68	1	非大年和非偏大年
2001	29.00	24.39	1	非大年和非偏大年
2005	23.30	25.63	3	非大年和非偏大年
2007	47.20	25.86	5	大年或偏大年
2012	12.50	25.38	3	非大年和非偏大年
2014	57.40	25.33	4	大年或偏大年
2015	59.40	25.48	5	大年或偏大年
2016	31.60	25.35	4	大年或偏大年
2019	0.00	24.40	1	非大年和非偏大年

1. 多因素判别预测模型　判别模型构建方法：

利用表 6-2 已知年型 11 年构造判别条件，利用 1990、1998、2015 年 3 年年型作为判别模型的验证，得到：

①两个关键气象指标能够同时满足 31.6（h）$\leqslant X_1 \leqslant$59.4（h）和 25.33（℃）$\leqslant X_2 \leqslant$25.86（℃）的年型为大年或偏大年。

②两个关键气象指标不能同时满足 31.6（h）$\leqslant X_1 \leqslant$59.4（h）和 25.33（℃）$\leqslant X_2 \leqslant$25.86（℃）的年型为非大年和非偏大年。

2. 多因素判别预测模型误差　应用表 6-6 中的 2 个判别条件判别：8 个调查为非大年和非偏大年年型的判别结果为非大年和非偏大年，正确；3 个调查为大年或偏大年年型的判别结果为大年或偏大年，正确。

3. 多因素判别预测模型验证 判别结果：1990、1998 年两年年型为非大年和非偏大年，正确；2015 年一个年型为大年或偏大年，正确。

4. 多因素判别预测模型关键气象指标范围 北流荔枝单产大小年年型等级的关键气象指标范围：

①两个关键气象指标能够同时满足 31.6（h）$\leqslant X_1 \leqslant$59.4（h）和 25.33（℃）$\leqslant X_2 \leqslant$25.86（℃）的年型为大年或偏大年。

②两个关键气象指标不能同时满足 31.6（h）$\leqslant X_1 \leqslant$59.4（h）和 25.33（℃）$\leqslant X_2 \leqslant$25.86（℃）的年型为非大年和非偏大年。

第五节 讨　论

本案例中：

①X_1为当年 1 月 1～15 日每日日照时数的累积（h），此时荔枝处于花芽开始萌发生长期，日照时数多有利于花芽分化和单产的形成[18,21,24,30]。

②X_2为当年 5 月 22 日至 6 月 30 日每日最低温度的平均（℃），此时荔枝处于果实迅速生长发育期、开始成熟期和果实成熟期，最低温度高时有利于果实膨大和单产的形成[19−20,26−28]。

第六节 结　论

①影响北流荔枝单产大小年年型等级的关键气象指标有两个，即“当年 1 月 1～15 日每日日照时数的累积（X_1）”和“当年 5 月 22 日至 6 月 30 日每日最低温度的平均（X_2）”。

②判别模型优于多元回归预测模型。

③使用判别模型时，当 31.6（h）$\leqslant X_1 \leqslant$59.4（h）和 25.33（℃）$\leqslant X_2 \leqslant$25.86（℃）两个关键气象指标同时满足的即为大年或偏大年，否则为非大年和非偏大年。

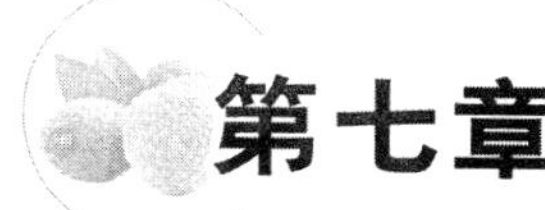

第七章 广西藤县荔枝单产大小年年型等级预测模型的建立

第一节 影响藤县荔枝单产大小年年型等级的关键气象指标

对藤县荔枝单产大小年年型等级的关键气象指标筛选结果如表 7 - 1 所示，关键气象指标数据见表 7 - 2。

表 7 - 1 影响藤县荔枝单产大小年年型等级的关键气象指标

变量和单位	定义	与单产关系
X（℃）	当年 5 月 1～31 日日最低气温	正相关

表 7 - 2 影响藤县荔枝单产大小年年型等级气象指标的数据

年份	X（℃）	Y	年份	X（℃）	Y
1990	20.11	1	2005	23.25	5
1991	21.43	1	2006	21.43	1
1992	21.14	1	2007	21.79	2
1993	21.33	1	2008	21.99	2
1994	22.38	3	2009	21.83	2
1995	21.38	1	2010	22.06	2
1996	21.66	1	2011	20.38	1
1997	21.17	1	2012	23.47	4
1998	22.07	2	2013	22.36	3
1999	20.42	1	2014	22.37	3
2000	22.04	1	2015	23.10	4
2001	22.00	2	2016	22.20	3
2002	22.31	2	2017	21.66	1
2003	23.19	4	2018	23.82	5
2004	20.59	1	2019	22.04	1

注：表中 Y 为荔枝当年实际单产大小年年型等级，共分为 5 级。1 为单产小年，2 为单产偏小年，3 为单产平年，4 为单产偏大年，5 为单产大年；合计 30 年，其中，2006、2010、2013、2015 年 4 年作为验证年，不参与建模。

第二节　藤县荔枝单产大小年年型等级与关键气象指标关系模型

对表 7－2 中影响藤县荔枝单产大小年年型等级的关键指标与藤县荔枝单产大小年年型等级关系制作散点图，并配回归方程，结果见图 7－1。

图 7－1 说明，藤县荔枝单产大小年年型等级与当年 5 月 1～31 日日最低气温（X）呈极显著正相关关系；荔枝单产大小年年型等级随着 X 的增加而增加；回归方程为 $Y=0.399\ 2X^2-16.308\ 4X+167.408\ 2$（$r=0.930^{**}$，$n=26$，$r_{0.05}=0.388$，$r_{0.01}=0.496$）。

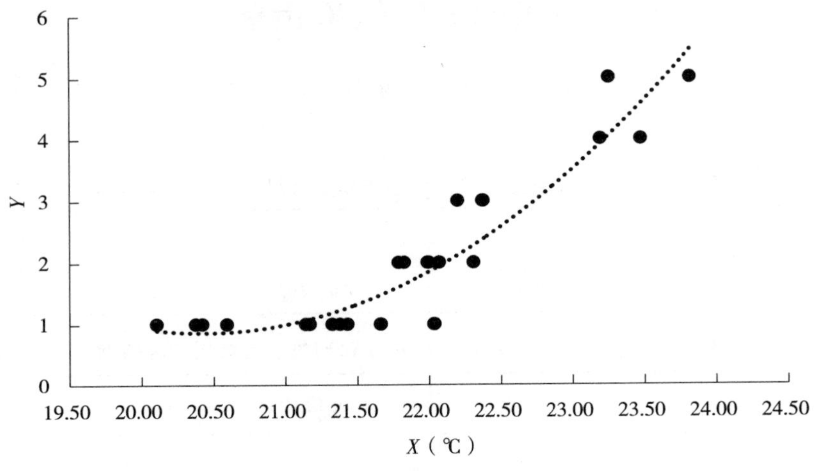

图 7－1　藤县荔枝单产大小年年型等级 Y 与 X 的关系

第三节　藤县荔枝单产大小年年型等级多元回归预测模型

1. 多元回归预测模型　基于表 7－2 中的一个关键气象指标，对藤县 30 年已知荔枝单产大小年年型等级 Y 与表 7－2 中的 X 进行一元回归。由于只有一个自变量，所以多元回归即为一元回归，回归方程见本章第二节。

2. 多元回归预测模型自回归误差　表 7－3 表明，模型自回归预测误差 27 年中全部预测合格，在±1 个等级误差内的比例为 100.00%，预测模型合格。

表 7－3　藤县荔枝单产大小年年型等级预测模型自回归结果

年份	X（℃）	Y	Y'	误差	年份	X（℃）	Y	Y'	误差
1990	20.11	1	0.89	－0.11	1994	22.38	3	2.37	－0.63
1991	21.43	1	1.25	0.25	1995	21.38	1	1.21	0.21
1992	21.14	1	1.05	0.05	1996	21.66	1	1.46	0.46
1993	21.33	1	1.17	0.17	1997	21.17	1	1.07	0.07

（续）

年份	X（℃）	Y	Y′	误差	年份	X（℃）	Y	Y′	误差
1998	22.07	2	1.93	−0.07	2009	21.83	2	1.63	−0.37
1999	20.42	1	0.85	−0.15	2010	22.06	2	1.92	−0.08
2000	22.04	1	1.88	0.88	2011	20.38	1	0.85	−0.15
2001	22.00	2	1.84	−0.16	2012	23.47	4	4.56	0.56
2002	22.31	2	2.26	0.26	2013	22.36	3	2.34	−0.66
2003	23.19	4	3.90	−0.10	2014	22.37	3	2.36	−0.64
2004	20.59	1	0.86	−0.14	2015	23.10	4	3.70	−0.30
2005	23.25	5	4.03	−0.97	2016	22.20	3	2.10	−0.90
2006	21.43	1	1.25	0.25	2017	21.66	1	1.46	0.46
2007	21.79	2	1.59	−0.41	2018	23.82	5	5.43	0.43
2008	21.99	2	1.82	−0.18	2019	22.04	1	1.89	0.89

注：表中 Y 为荔枝当年实际单产大小年年型等级；Y' 为通过模型自回归预测的荔枝当年单产大小年年型等级；预测误差 $=Y'-Y$。

3. 多元回归预测模型验证　基于表 7－2 的一个关键指标构建的一元回归预测模型验证 2006、2010、2013、2015 年型，结果正确（表 7－3）。

4. 多元回归预测模型关键气象指标范围　基于表 7－2 的一个关键指标构建关键气象指标范围见表 7－4。

表 7－4　给出大年和偏大年的范围以及非大年和偏大年的范围

指标	大年和偏大年（n=5）	非大年和非偏大年（n=25）
X（℃）	$X>23.0$（℃）	$X\leqslant 23.0$（℃）

第四节　藤县荔枝单产大小年年型等级判别模型的建立

1. 多因素判别预测模型　判别模型构建方法：

利用表 7－2 已知年型 26 年构造判别条件，利用其他年型作为判别模型的验证，得到：

①关键气象指标满足 $X>23.0$（℃）年型为大年或偏大年。

②关键气象指标满足 $X\leqslant 23.0$（℃）年型为非大年和非偏大年。

2. 多因素判别预测模型自回归误差　判别结果：2003、2005、2012、2018 年 4 个年型为大年或偏大年，正确；1990—2002、2004、2007—2009、2011、2014、2016、2017、2019 年 22 个年型为非大年和非偏大年，正确。

3. 多因素判别预测模型验证　应用一个判别条件判别：2015 年为大年或偏大年，正确；2006、2010、2013 年 3 年为非大年和非偏大年，正确。

4. 多因素判别预测模型关键气象指标范围 藤县荔枝单产大小年年型等级的关键气象指标范围：

①关键气象指标满足 $X>23.0$（℃）年型为大年或偏大年。

②关键气象指标满足 $X\leqslant 23.0$（℃）年型为非大年和非偏大年。

第五节 讨 论

本案例中：X 为当年 5 月 1～31 日日最低气温，此时荔枝处于果实迅速生长发育期、开始成熟期，高温有利于单产的提高[19－20,26,28]。

第六节 结 论

①影响藤县荔枝单产大小年年型等级的关键气象指标有一个，即“当年 5 月 1～31 日日最低气温（X）”。

②判别模型优于多元回归预测模型。

③使用判别模型时，当关键气象指标满足 $X>23.0$（℃）年型为大年或偏大年；当关键气象指标满足 $X\leqslant 23.0$（℃）年型为非大年和非偏大年。

第八章　广西麻垌荔枝单产大小年年型等级预测模型的建立

第一节　影响麻垌荔枝单产大小年年型等级的关键气象指标

麻垌隶属广西桂平市，麻垌荔枝主要分布在麻垌镇。对麻垌荔枝单产大小年年型等级的关键气象指标筛选结果如表 8-1 所示，关键气象指标数据见表 8-2。

表 8-1　影响麻垌荔枝单产大小年年型等级的关键气象指标

变量和单位	定义	与单产关系
X_1（℃）	上一年 9 月 21 日至 10 月 31 日每日最低温度的平均	负相关
X_2（%）	上一年 10 月 22 日至 11 月 30 日每日最小相对湿度的平均	负相关
X_3（℃）	当年 2 月 1 日至 3 月 5 日每日最低温度的平均	负相关

表 8-2　影响麻垌荔枝单产大小年年型等级气象指标的数据

年份	X_1（℃）	X_2（%）	X_3（℃）	Y
1991	22.26	55.63	13.13	2
1992	20.81	42.10	10.59	5
1993	20.29	36.53	12.03	5
1994	19.72	54.43	11.28	5
1995	19.94	48.45	11.58	5
1996	21.43	49.85	9.38	5
1997	21.07	48.60	11.97	5
1998	20.79	55.30	12.56	3
1999	21.55	44.18	13.72	3
2000	21.54	59.10	10.37	4
2001	22.22	50.90	11.58	3
2002	22.39	48.38	15.32	1
2003	20.63	60.10	15.03	4
2004	21.15	51.03	12.44	4
2005	20.27	50.15	10.69	5

（续）

年份	X_1（℃）	X_2（%）	X_3（℃）	Y
2006	22.20	47.33	12.46	3
2007	23.50	50.33	16.01	1
2008	21.94	32.25	8.84	5
2009	23.00	44.63	16.18	1
2010	22.82	46.48	14.84	1
2011	21.59	41.95	12.06	4
2012	20.91	47.45	10.93	5
2013	21.94	63.05	13.47	2
2014	21.20	47.00	10.73	5
2015	22.30	58.45	13.84	1
2016	21.95	64.10	10.38	4
2017	23.10	64.10	11.65	1
2018	21.48	59.43	12.12	4
2019	19.60	56.60	12.14	5

注：表中 Y 为荔枝当年实际单产大小年年型等级，共分为 5 级。1 为单产小年，5 为单产大年；合计 29 年，其中 2017—2019 年为验证年不参与建模。

第二节　麻垌荔枝单产大小年年型等级与关键气象指标关系模型

对表 8 - 2 中影响麻垌荔枝单产大小年年型等级的 3 个关键指标与麻垌荔枝单产大小年年型等级关系制作散点图，并配回归方程，结果见图 8 - 1、图 8 - 3。

图 8 - 1 说明，麻垌荔枝单产大小年年型等级与上一年 9 月 21 日至 10 月 31 日每日最低温度的平均（X_1）呈极显著负相关关系；荔枝单产大小年年型等级随着 X_1 的增加而降低；回归方程为 $Y=-0.367\ 3X_1^2+14.480\ 0X_1-137.610\ 0$（$r=-0.823^{**}$，$n=26$，$r_{0.05}=0.388$，$r_{0.01}=0.496$）。

图 8 - 2 说明，麻垌荔枝单产大小年年型等级与上一年 10 月 22 日至 11 月 30 日每日最小相对湿度的平均（X_2）呈负相关关系；荔枝单产大小年年型等级随着 X_2 的增加而降低；回归方程为 $Y=0.002\ 3X_2{}^2-0.288\ 5X_2+12.004\ 0$（$r=-0.291$，$n=26$，$r_{0.10}=0.330$，$r_{0.05}=0.388$，$r_{0.01}=0.496$）。

图 8 - 3 说明，麻垌荔枝单产大小年年型等级与当年 2 月 1 日至 3 月 5 日每日最低温度的平均（X_3）呈极显著负相关关系；荔枝单产大小年年型等级随着 X_3 的增加而降低；回归方程为 $Y=-0.051\ 1X_3{}^2+0.650\ 4X_3+3.535\ 1$（$r=-0.810^{**}$，$n=26$，$r_{0.05}=0.388$，$r_{0.01}=0.496$）。

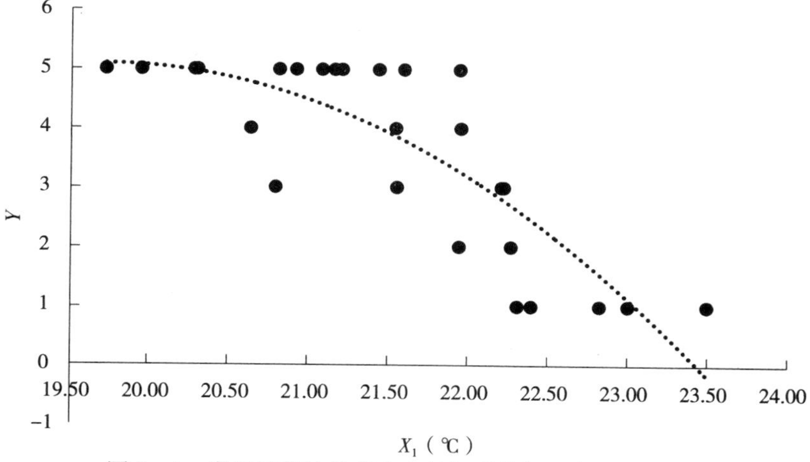

图 8-1　麻垌区荔枝单产大小年年型等级 Y 与 X_1 的关系

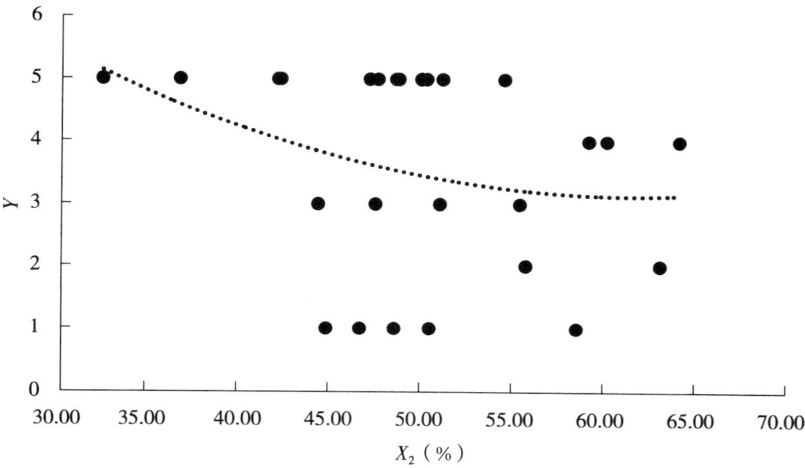

图 8-2　麻垌荔枝单产大小年年型等级 Y 与 X_2 的关系

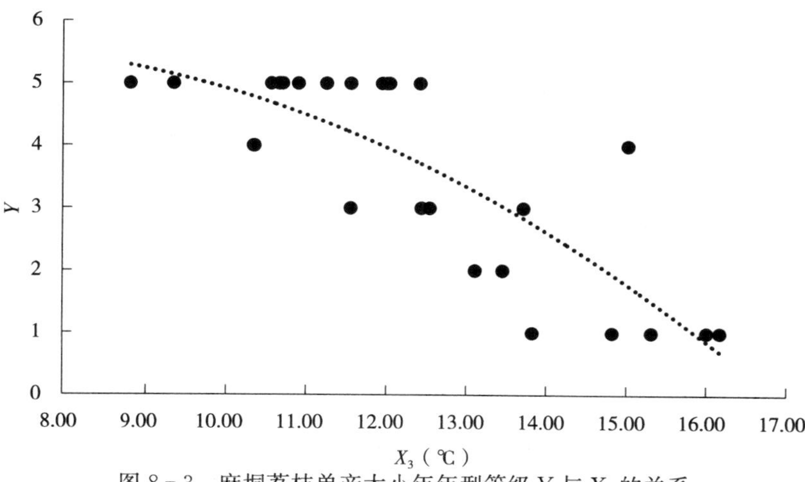

图 8-3　麻垌荔枝单产大小年年型等级 Y 与 X_3 的关系

第三节　麻垌荔枝单产大小年年型等级多元回归预测模型

1. 多元回归预测模型　基于表 8－2 中的 3 个关键气象指标，对麻垌 26 年已知荔枝单产大小年年型等级 Y 与表 8－2 中的 X_1、X_2 和 X_3 进行三元回归，得到 $Y=29.4887-0.8889X_1-0.0355X_2-0.4055X_3$（$r=0.926^{**}$，$n=26$，$r_{0.05}=0.404$，$r_{0.01}=0.515$）。

2. 多元回归预测模型自回归误差　表 8－3 表明，模型自回归预测误差 26 年中有 23 年预测合格，在±1 个等级误差内的比例为 88.46%，预测模型合格。

表 8－3　麻垌荔枝单产大小年年型等级预测模型自回归结果

年份	Y	Y'	预测误差	年份	Y	Y'	预测误差
1991	2	2.40	0.40	2004	5	3.83	－1.17
1992	5	5.20	0.20	2005	5	5.35	0.35
1993	5	5.27	0.27	2006	3	3.02	0.02
1994	5	5.45	0.45	2007	1	0.32	－0.68
1995	5	5.35	0.35	2008	5	5.26	0.26
1996	5	4.87	－0.13	2009	1	0.90	－0.10
1997	5	4.18	－0.82	2010	1	1.54	0.54
1998	3	3.95	0.95	2011	5	3.92	－1.08
1999	3	3.20	0.20	2012	5	4.78	－0.22
2000	4	4.04	0.04	2013	2	2.28	0.28
2001	3	3.24	0.24	2014	5	4.62	－0.38
2002	1	1.65	0.65	2015	1	1.98	0.98
2003	4	2.92	－1.08	2016	4	3.49	－0.51

注：表中 Y 为荔枝当年实际单产大小年年型等级；Y' 为通过模型自回归预测的荔枝当年单产大小年年型等级；预测误差＝$Y'-Y$。

3. 多元回归预测模型验证　用基于表 8－2 的 3 个关键指标构建的多元回归预测模型 $Y=29.4887-0.8889X_1-0.0355X_2-0.4055X_3$（$r=0.926^{**}$，$n=26$，$r_{0.05}=0.404$，$r_{0.01}=0.515$）预测并验证已知年型的。验证结果合格率 100.0%，结果见表 8－4。

表 8－4　麻垌荔枝单产大小年年型等级预测结果

年份	Y	Y'	预测误差
2017	1	1.96	0.96
2018	4	3.37	－0.63
2019	5	5.13	0.13

4. 多元回归预测模型关键气象指标范围　表 8－5 为麻垌荔枝单产大小年年型等级的

多元回归预测模型的关键气象指标范围。

表 8-5　麻垌荔枝最佳气象指标范围

指标	大年（n=13）	偏大年（n=4）	平年（n=4）	偏小年（n=2）	小年（n=6）
X_1（℃）	19.60～21.94	20.63～21.95	20.79～22.22	21.94～22.26	22.30～23.50
X_2（%）	32.25～56.60	59.10～64.10	44.18～55.30	55.63～63.05	44.63～64.10
X_3（℃）	8.84～12.44	10.37～15.03	11.58～13.72	13.13～13.47	11.65～16.18

第四节　麻垌荔枝单产大小年年型等级判别模型的建立

表 8-6 为已知 29 年的数据（大年 13 年、小年 6 年、非大非小年 10 年）。其中 2017—2019 年作为验证年，不参与判别模型的构建。

表 8-6　麻垌荔枝单产大小年年型等级判别分析结果

年份	X_1（℃）	X_2（%）	X_3（℃）	Y	Y'
1991	22.26	55.63	13.13	2	非大年
1992	20.81	42.10	10.59	5	5
1993	20.29	36.53	12.03	5	5
1994	19.72	54.43	11.28	5	5
1995	19.94	48.45	11.58	5	5
1996	21.43	49.85	9.38	5	5
1997	21.07	48.60	11.97	5	5
1998	20.79	55.30	12.56	3	非大年
1999	21.55	44.18	13.72	3	非大年
2000	21.54	59.10	10.37	4	非大年
2001	22.22	50.90	11.58	3	非大年
2002	22.39	48.38	15.32	1	非大年
2003	20.63	60.10	15.03	4	非大年
2004	21.15	51.03	12.44	5	5
2005	20.27	50.15	10.69	5	5
2006	22.20	47.33	12.46	3	非大年
2007	23.50	50.33	16.01	1	非大年
2008	21.94	32.25	8.84	5	5
2009	23.00	44.63	16.18	1	非大年
2010	22.82	46.48	14.84	1	非大年
2011	21.59	41.95	12.06	5	5

（续）

年份	X_1（℃）	X_2（%）	X_3（℃）	Y	Y'
2012	20.91	47.45	10.93	5	5
2013	21.94	63.05	13.47	2	非大年
2014	21.20	47.00	10.73	5	5
2015	22.30	58.45	13.84	1	非大年
2016	21.95	64.10	10.38	4	非大年
2017	23.10	64.10	11.65	1	非大年
2018	21.48	59.43	12.12	4	非大年
2019	19.60	56.60	12.14	5	5

1. 多因素判别预测模型 判别模型构建方法：

利用表 8-2 已知年型 26 年构造判别条件，利用 2017—2019 年 3 年年型作为判别模型的验证，得到：

①3 个关键气象指标能够同时满足：$X_1<22.0$℃、$X_2<57.0\%$和 $X_3<12.5$℃的年型为大年。

①3 个关键气象指标不能同时满足：$X_1<22.0$℃、$X_2<57.0\%$和 $X_3<12.5$℃的年型为非大年。

2. 多因素判别预测模型误差 判别结果：12 个大年年型判别结果正确；14 个非大年年型判别结果正确。

3. 多因素判别预测模型验证 判别结果：2017、2018 年 2 个年型为非大年，实际为小年和偏大年，正确；2019 年年型为大年，判别结果为大年，正确。

4. 多因素判别预测模型关键气象指标范围

①3 个关键气象指标能够同时满足：$X_1<22.0$℃、$X_2<57.0\%$和 $X_3<12.5$℃的年型为大年。

②3 个关键气象指标不能同时满足：$X_1<22.0$℃、$X_2<57.0\%$和 $X_3<12.5$℃的年型为非大年。

第五节 讨 论

本案例中：

①X_1为上一年 9 月 21 日至 10 月 31 日每日最低温度的平均（℃），此时荔枝处于枝梢生长期和末次秋梢生长期、老熟期，最低温度低时，不利于营养生长，有利于养分的相对积累和单产的形成[19,28]。

②X_2为上一年 10 月 22 日至 11 月 30 日每日最小相对湿度的平均（%），此时荔枝处于末次秋梢生长期和末次秋梢老熟期，相对湿度低时，不利于营养生长，有利于养分的相对积累和单产的形成。

③X_3为当年 2 月 1 日至 3 月 5 日每日最低温度的平均（℃），此时荔枝处于花穗生长、

现蕾期和开花期、小果发育初期，温度低时有利于花芽分化进而形成果实[18-19,29-31,33]。

第六节　结　　论

①影响麻垌区荔枝单产大小年年型等级的关键气象指标有 3 个，即“上一年 9 月 21 日至 10 月 31 日每日最低温度的平均（℃）”、“上一年 10 月 22 日至 11 月 30 日每日最小相对湿度的平均（%）”和“当年 2 月 1 日至 3 月 5 日每日最低温度的平均（℃）”。

②判别模型优于多元回归预测模型。

③使用判别模型时：3 个关键气象指标能够同时满足 $X_1<22.0$℃、$X_2<57.0\%$和 $X_3<12.5$℃的年型为大年；3 个关键气象指标不能同时满足 $X_1<22.0$℃、$X_2<57.0\%$和 $X_3<12.5$℃的年型为非大年。

第九章　海南秀英荔枝单产大小年年型等级预测模型的建立

第一节　影响秀英荔枝单产大小年年型等级的关键气象指标

对秀英荔枝单产大小年年型等级的关键气象指标筛选结果如表 9 - 1 所示，关键气象指标数据见表 9 - 2。

表 9 - 1　影响秀英荔枝单产大小年年型等级的关键气象指标

变量和单位	定义	与单产关系
X_1（h）	上一年 8 月 1～15 日日照时数的累计	负相关
X_2（℃）	当年 2 月 10～28（或 29）日平均气温	正相关

表 9 - 2　影响秀英荔枝单产大小年年型等级气象指标的数据

年份	X_1（h）	X_2（℃）	Y	年份	X_1（h）	X_2（℃）	Y
2002	70.32	21.72	5	2013	78.54	21.47	5
2003	89.65	23.34	1	2015	95.77	22.64	1
2007	55.00	22.66	5	2016	79.29	17.97	1
2008	69.33	16.12	1	2017	139.70	18.49	1
2009	62.94	25.05	5	2018	72.30	19.36	5
2010	81.60	20.97	1	2020	74.20	22.00	5
2011	85.91	19.44	1	2021	69.37	20.88	5
2012	81.45	19.54	1	2022	75.44	18.13	1

注：表中 Y 为荔枝当年实际单产大小年年型等级，共分为 5 级。1 为单产小年，5 为单产大年；合计 16 年，其中，2020、2021、2022 年 3 年作为验证年，不参与建模。

第二节　秀英荔枝单产大小年年型等级与关键气象指标关系模型

对表 9 - 2 中影响秀英荔枝单产大小年年型等级的两个关键指标与秀英荔枝单产大小年年型等级关系制作散点图，并配回归方程，结果分别见图 9 - 1、图 9 - 2。

图 9 - 1 说明，秀英荔枝单产大小年年型等级 Y 与上一年 8 月 1～15 日日照时数

（X_1）的累计呈极显著负相关关系；秀英荔枝单产大小年年型等级 Y 随着 X_1 的增加而降低；回归方程为 $Y=0.001\ 5X_1^2-0.349\ 0X_1+20.905\ 0$（$r=-0.697^{**}$，$n=13$，$r_{0.05}=0.553$，$r_{0.01}=0.684$）。

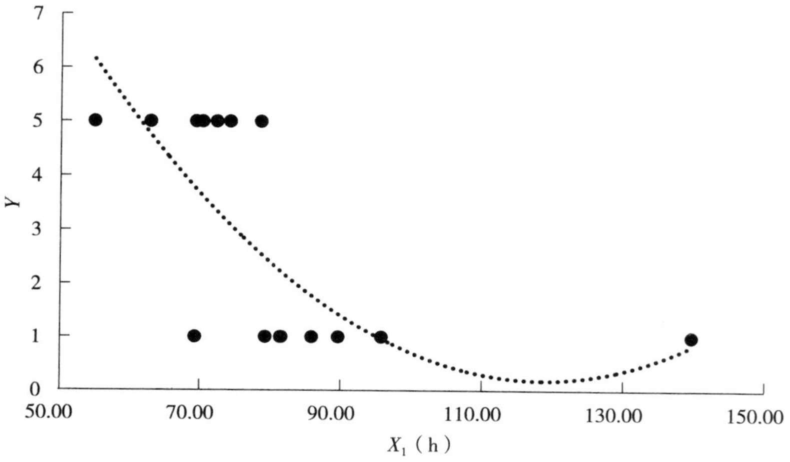

图 9－1　秀英荔枝单产大小年年型等级 Y 与 X_1 的关系

图 9－2 说明，秀英荔枝单产大小年年型等级 Y 与当年 2 月 10～28（或 29）日平均温度（X_2）呈正相关关系；秀英荔枝单产大小年年型等级 Y 随着 X_2 的增加而升高；回归方程为 $Y=-0.034\ 6X_2^2+1.833\ 2X_2-20.127\ 0$（$r=0.473$，$n=13$，$r_{0.10}=0.476$，$r_{0.05}=0.553$，$r_{0.01}=0.684$）。

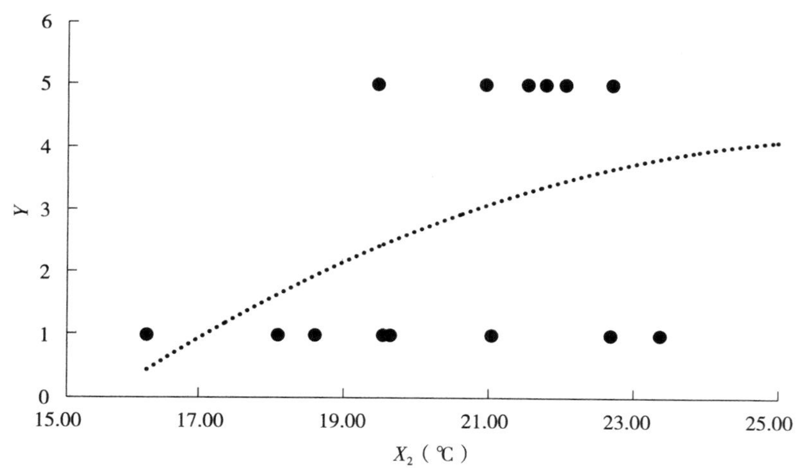

图 9－2　秀英荔枝单产大小年年型等级 Y 与 X_2 的关系

第三节　秀英荔枝单产大小年年型等级多元回归预测模型

1. 多元回归预测模型　基于表 9－2 中的两个关键气象指标，对秀英 13 年已知荔枝单产大小年年型等级 Y 与表 19－2 中的 X_1 和 X_2 进行二元回归，得到 $Y=0.540\ 9-$

$0.045\ 8X_1+0.277\ 7X_2$（$r=0.643^*$，$n=13$，$r_{0.05}=0.576$，$r_{0.01}=0.708$）。

2. 多元回归预测模型自回归误差 表 9-3 表明，模型自回归预测误差 13 年中有 4 年预测合格，在±1 个等级误差内的比例为 30.77%，预测模型不合格。

表 9-3 秀英荔枝单产大小年年型等级预测模型自回归结果

年份	Y	Y'	预测误差
2002	5	3.35	−1.65
2003	1	2.91	1.91
2007	5	4.31	−0.69
2008	1	1.84	0.84
2009	5	4.61	−0.39
2010	1	2.62	1.62
2011	1	2.00	1.00
2012	1	2.23	1.23
2013	5	2.90	−2.10
2015	1	2.44	1.44
2016	1	1.90	0.90
2017	1	−0.73	−1.73
2018	5	2.60	−2.40

注：表中 Y 为荔枝当年实际单产大小年年型等级；Y' 为通过模型自回归预测的荔枝当年单产大小年年型等级；预测误差$=Y'-Y$。

3. 多元回归预测模型验证 用基于表 9-2 的两个关键气象指标构建的综合预测模型 $Y=0.540\ 9-0.045\ 8X_1+0.277\ 7X_2$（$r=0.643^{**}$，$n=13$，$r_{0.05}=0.576$，$r_{0.01}=0.708$）预测并验证已知年型，其中 2020 和 2021 年荔枝单产大小年年型等级均为大年，2022 年荔枝单产大小年年型等级为小年。验证结果年型等级预测误差不合格，说明模型预测结果不合格（表 9-4）。

表 9-4 秀英荔枝单产大小年年型等级预测结果

年份	Y	Y'	预测误差
2020	5	3.25	−1.75
2021	5	3.16	−1.84
2022	1	2.12	1.12

4. 多元回归预测模型关键气象指标范围 由于多元回归预测模型不合格，因此无法确定关键气象指标范围。

第四节 秀英荔枝单产大小年年型等级判别模型的建立

表 9-5 为已知 16 年的数据（大年 7 年、小年 9 年）。其中 2020、2021、2022 年作为

验证年，不参与判别模型的构建。

表 9-5　秀英荔枝单产大小年年型等级判别分析结果

年份	X_1（h）	X_2（℃）	Y	Y'
2002	70.32	21.72	5	5
2003	89.65	23.34	1	非大年
2007	55.00	22.66	5	5
2008	69.33	16.12	1	非大年
2009	62.94	25.05	5	5
2010	81.60	20.97	1	非大年
2011	85.91	19.44	1	非大年
2012	81.45	19.54	1	非大年
2013	78.54	21.47	5	5
2015	95.77	22.64	1	非大年
2016	79.29	17.97	1	非大年
2017	139.70	18.49	1	非大年
2018	72.30	19.36	5	5
2020	74.20	22.00	5	5
2021	69.37	20.88	5	5
2022	75.44	18.13	1	非大年

1. 多因素判别预测模型　判别模型构建方法：对已知年型 13 年的 2 个关键气象指标进行统计，得到：

①大年的 2 个关键气象指标同时满足以下 2 个条件：上一年 8 月 1～15 日日照时数累计＜79（h）、当年 2 月 10～28（或 29）日平均气温＞19（℃）。

②非大年的 2 个关键气象指标不能同时满足以下 2 个条件：上一年 8 月 1～15 日日照时数累计＜79（h）、当年 2 月 10～28（或 29）日平均气温＞19（℃）。

2. 多因素判别预测模型误差　应用表 9-5 中的 2 个判别条件判别：5 个调查为大年年型的判别结果正确，8 个调查为小年年型的判别结果为非大年年型，正确。

3. 多因素判别预测模型验证　应用表 9-5 中的 2 个判别条件判别：2020 和 2021 年均为大年，2022 为非大年，判别结果正确。

4. 多因素判别预测模型关键气象指标范围　秀英荔枝单产大小年年型等级的关键气象指标范围：

①大年关键气象指标同时满足以下 2 个条件：上一年 8 月 1～15 日日照时数累计＜79（h）、当年 2 月 10～28（或 29）日平均气温＞19（℃）。

②非大年关键气象指标不能同时满足以下 2 个条件：上一年 8 月 1～15 日日照时数累

计<79（h）、当年2月10～28（或29）日平均气温>19（℃）。

第五节　讨　　论

本案例中：

①X_1为“上一年8月1～15日日照时数的累计（X_1）”，此时荔枝处于枝梢生长期，日照时数多时植株生长旺盛，不利于养分的相对积累，对下一年单产的形成有负面影响[28]。

②X_2为“当年2月10～28（或29）日平均气温（X_2）”，此时荔枝处于花穗生长、现蕾期，温度高时有利于坐果[18－20,28]。

③本案例基于2个关键气象指标建立的判别模型，只能判别出大年年型和非大年年型，非大年年型包括小年、偏小年、平年、偏大年，由于气象条件的交叉影响和历史数据的局限性，目前无法准确对非大年年型进一步判别。

第六节　结　　论

影响秀英荔枝单产大小年年型等级的关键气象指标有两个，即“上一年8月1～15日日照时数的累计（X_1）”、“当年2月10～28（或29）日平均气温（X_2）”。

得到秀英荔枝单产大小年年型等级判别预测模型：

①当X_1<79%和X_2>19两个关键指标同时满足时即为大年。

②当X_1<79%和X_2>19两个关键指标不能同时满足时即为非大年。

第十章　海南琼山荔枝单产大小年年型等级预测模型的建立

第一节　影响琼山荔枝单产大小年年型等级的关键气象指标

对琼山荔枝单产大小年年型等级的关键气象指标筛选结果如表 10－1 所示，关键气象指标数据见表 10－2。

表 10－1　影响琼山荔枝单产大小年年型等级的关键气象指标

变量和单位	定义	与单产关系
X_1（h）	上一年 12 月 27 日至当年 1 月 31 日日照时数的累积	正相关
X_2（%）	1 月 16～31 日最小相对湿度的平均	正相关

表 10－2　影响琼山荔枝单产大小年年型等级气象指标的数据

年份	X_1（h）	X_2（%）	Y	年份	X_1（h）	X_2（%）	Y
2002	58.6	71.19	5	2012	23.2	77.69	1
2003	99.6	65.38	1	2013	47.1	65.63	5
2007	47.3	67.69	5	2014	136.5	53.75	1
2008	34.6	80.06	1	2015	141.8	57.56	1
2009	88.8	69.06	5	2016	3.9	84.00	1
2010	30.3	78.19	1	2017	47.4	73.38	5
2011	3.2	69.69	1	2018	70.0	74.56	5

注：表中 Y 为荔枝当年实际单产大小年年型等级，共分为 5 级。1 为单产小年，5 为单产大年；合计 14 年，其中，全部 14 年参与建模。

第二节　琼山荔枝单产大小年年型等级与关键气象指标关系模型

对表 10－2 中影响琼山荔枝单产大小年年型等级的两个关键指标与琼山荔枝单产大小年年型等级关系制作散点图，并配回归方程，结果见图 10－1、图 10－2。

图 10－1 说明，琼山区荔枝单产大小年年型等级与上一年 12 月 27 日至当年 1 月 31 日日照时数的累积（X_1）呈极显著相关关系；荔枝单产大小年年型等级随着 X_1 的增加先增

加而后减少，此段时间大年的日照时数在 45～90h 之间；回归方程为 $Y=-0.0008X_1^2+0.1196X_1-0.0560$（$r=0.740^{**}$，$n=14$，$r_{0.05}=0.532$，$r_{0.01}=0.661$）。

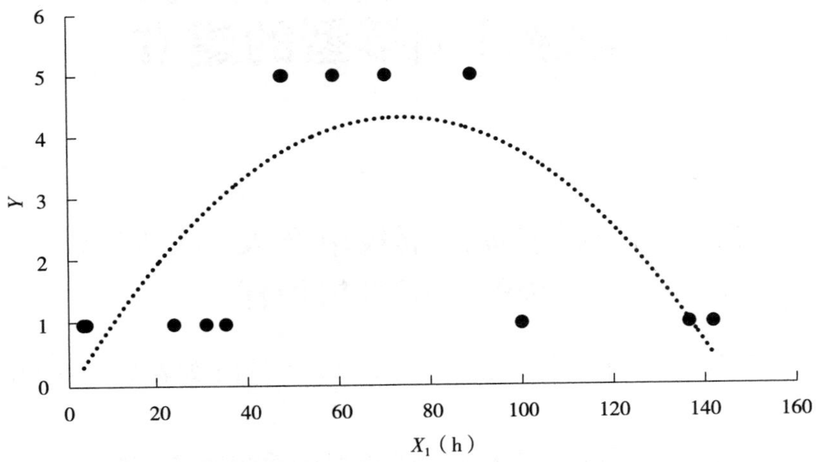

图 10－1　琼山区荔枝单产大小年年型等级 Y 与 X_1 的关系

图 10－2 说明，琼山区荔枝单产大小年年型等级与 1 月 16～31 日最小相对湿度的平均（X_2）呈显著正相关关系；荔枝单产大小年年型等级随着 X_2 的增加先增加而后减少，此段时间大年的最小相对湿度的平均在 65%～75%之间；回归方程为 $Y=-0.0158X_2^2+2.1624X_2-70.4120$（$r=0.626^{*}$，$n=14$，$r_{0.05}=0.532$，$r_{0.01}=0.661$）。

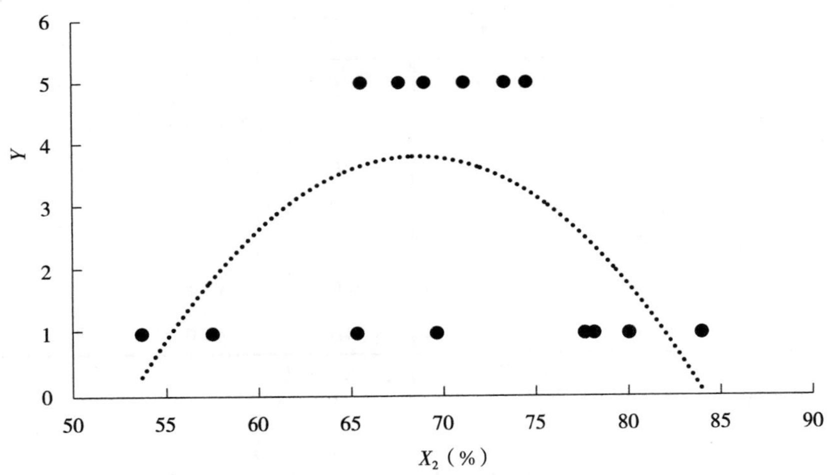

图 10－2　琼山荔枝单产大小年年型等级 Y 与 X_2 的关系

第三节　琼山荔枝单产大小年年型等级多元回归预测模型

1. 多元回归预测模型　基于表 10－2 中的两个关键气象指标，对琼山 10 年已知荔枝单产大小年年型等级 Y 与表 10－2 中的 X_1 和 X_2 进行二元回归，得到 $Y=4.2623+0.0027X_1-0.0197X_2$（$r=0.0464$，$n=14$，$r_{0.05}=0.552$，$r_{0.01}=0.684$）。

2. 多元回归预测模型自回归误差　表 10－3 表明，模型自回归预测误差 14 年中有 0 年预测合格，在±1 个等级误差内的比例为 0.00%，预测模型合格。

表 10－3　琼山荔枝单产大小年年型等级预测模型自回归结果

年份	Y	Y'	预测误差
2002	5	2.70	−2.30
2003	1	2.71	1.71
2007	5	2.80	−2.20
2008	1	2.59	1.59
2009	5	2.66	−2.34
2010	1	2.64	1.64
2011	1	2.88	1.88
2012	1	2.67	1.67
2013	5	2.84	−2.16
2014	1	2.84	1.84
2015	1	2.75	1.75
2016	1	2.60	1.60
2017	5	2.69	−2.31
2018	5	2.61	−2.39

注：表中 Y 为荔枝当年实际单产大小年年型等级；Y' 为通过模型自回归预测的荔枝当年单产大小年年型等级；预测误差$=Y'-Y$。

3. 多元回归预测模型验证　由于基于表 10－2 的两个关键指标构建的多元回归预测模型自回归结果不合格，所以不再使用模型进行验证。

4. 多元回归预测模型关键气象指标范围　由于基于表 10－2 的两个关键指标构建的多元回归预测模型自回归结果不合格，所以无法确定关键气象指标范围。

第四节　琼山荔枝单产大小年年型等级判别模型的建立

1. 多因素判别预测模型　判别模型构建方法：

利用表 10－2 已知年型 10 年（2002、2003、2007—2014 年）构造判别条件，利用 2015—2018 年 4 年年型作为判别模型的验证，得到：

①两个关键气象指标能够同时满足 45.0（h）$\leqslant X_1 \leqslant$90.0（h）和 65.5（%）$\leqslant X_2<$75.0（%）的年型为大年。

②两个关键气象指标不能同时满足 45.0（h）$\leqslant X_1 \leqslant$90.0（h）和 65.5（%）$\leqslant X_2<$75.0（%）的年型为非大年。

2. 多因素判别预测模型误差　判别结果：2002、2007、2009、2013 年 4 个年型为大年，正确；2003、2008、2010、2011、2012、2014 年 6 个年型为非大年，正确。

3. 多因素判别预测模型验证 应用两个判别条件判别：2017、2018 年 2 年为大年，正确；2015、2016 年 2 年为非小年，正确。

4. 多因素判别预测模型关键气象指标范围

①两个关键气象指标能够同时满足 45.0（h）$\leqslant X_1 \leqslant$90.0（h）和 65.5（%）$\leqslant X_2<$75.0（%）的年型为大年。

②两个关键气象指标不能同时满足 45.0（h）$\leqslant X_1 \leqslant$90.0（h）和 65.5（%）$\leqslant X_2<$75.0（%）的年型为非大年。

第五节　讨　　论

本案例中：

①X_1为“上一年 12 月 27 日至当年 1 月 31 日日照时数的累积”，此时荔枝处于花芽分化期和花芽开始萌发生长期，日照时数适宜时生长旺盛，营养生长和生殖生长均衡，有利于下一年单产的形成[18−19,24]。

②X_2为“1 月 16～31 日最小相对湿度的平均”，此时荔枝处于花芽开始萌发生长期，相对湿度适中时有利于花芽分化和单产的形成[18,25,29]。

第六节　结　　论

①影响琼山区荔枝单产大小年年型等级的关键气象指标有两个，即“上一年 12 月 27 日至当年 1 月 31 日日照时数的累积（X_1）”和“1 月 16～31 日最小相对湿度的平均（X_2）”。

②多元判别模型优于多元回归预测模型。

③使用判别模型时：（a）两个关键气象指标能够同时满足 45.0（h）$\leqslant X_1 \leqslant$90.0（h）和 65.5（%）$\leqslant X_2<$75.0（%）的年型为大年；（b）两个关键气象指标不能同时满足 45.0（h）$\leqslant X_1 \leqslant$90.0（h）和 65.5（%）$\leqslant X_2<$75.0（%）的年型为非大年。

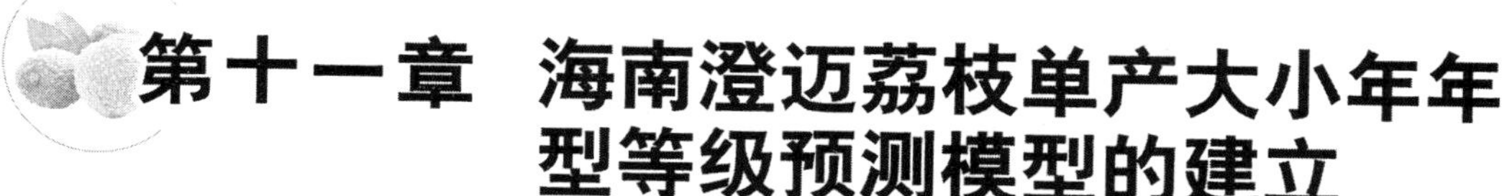

第十一章　海南澄迈荔枝单产大小年年型等级预测模型的建立

第一节　影响澄迈荔枝单产大小年年型等级的关键气象指标

对澄迈荔枝单产大小年年型等级的关键气象指标筛选结果如表 11－1 所示，关键气象指标数据见表 11－2。

表 11－1　影响澄迈荔枝单产大小年年型等级的关键气象指标

变量和单位	定义	与单产关系
X_1（h）	上一年 8 月 1～15 日每日日照时数的累计	负相关
X_2（mm）	上一年 9 月 16～30 日每日降水量的累计	正相关
X_3（%）	上一年 10 月 11～26 日每日相对湿度的平均	正相关
X_4（h）	当年 4 月 1～15 日每日日照时数的累计	正相关

表 11－2　影响澄迈荔枝单产大小年年型等级气象指标的数据

年份	X_1（h）	X_2（mm）	X_3（%）	X_4（h）	Y
2002	67.60	252.18	84.51	77.98	5
2003	86.54	101.47	75.12	92.34	1
2007	55.00	123.70	78.38	80.90	5
2008	66.57	175.87	85.90	26.80	1
2009	61.48	130.47	83.90	87.83	5
2010	78.00	49.76	78.33	59.45	1
2011	82.19	258.74	79.38	84.17	5
2012	77.24	25.66	78.00	77.20	1
2013	76.02	162.87	78.36	76.11	5
2016	75.95	88.69	85.02	82.75	5
2017	139.70	80.30	76.00	98.51	1
2018	72.30	132.90	78.90	90.90	5
2020	71.97	113.71	81.72	92.90	5
2021	25.45	72.38	85.25	79.66	5

注：表中 Y 为荔枝当年实际单产大小年年型等级，共分为 5 级。1 为单产小年，5 为单产大年；合计 14 年，其中，2021 年作为验证年，不参与建模。

第二节　澄迈荔枝单产大小年年型等级与关键气象指标关系模型

对表 11－2 中影响澄迈荔枝单产大小年年型等级的 4 个关键指标与澄迈荔枝单产大小年年型等级关系制作散点图，并配回归方程，结果见图 11－1、图 11－4。

图 11－1 说明，澄迈荔枝单产大小年年型等级 Y 与上一年 8 月 1～15 日日照时数的累计（X_1）在 10%显著水平下呈负相关关系；澄迈荔枝单产大小年年型等级 Y 随着 X_1 的增加而降低；回归方程为 $Y = 0.000\ 6X_1^2 - 0.157\ 5X_1 + 12.154\ 0$（$r=-0.500$，$n=13$，$r_{0.10}=0.476$，$r_{0.05}=0.553$，$r_{0.01}=0.684$）。

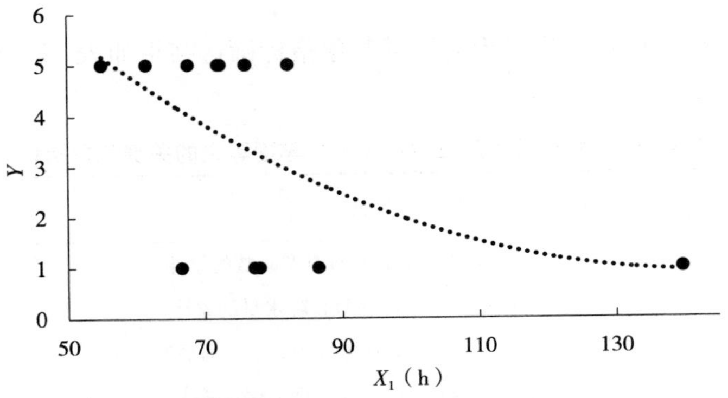

图 11－1　澄迈荔枝单产大小年年型等级 Y 与 X_1 的关系

图 11－2 说明，澄迈荔枝单产大小年年型等级 Y 与上一年 9 月 16～30 日每日降水量的累计（X_2）呈显著正相关关系；澄迈荔枝单产大小年年型等级 Y 随着 X_2 的增加而升高；回归方程为 $Y=-0.000\ 1X_2^2 + 0.047\ 4X_2 - 0.413\ 9$（$r=0.590^*$，$n=13$，$r_{0.05}=0.553$，$r_{0.01}=0.684$）。

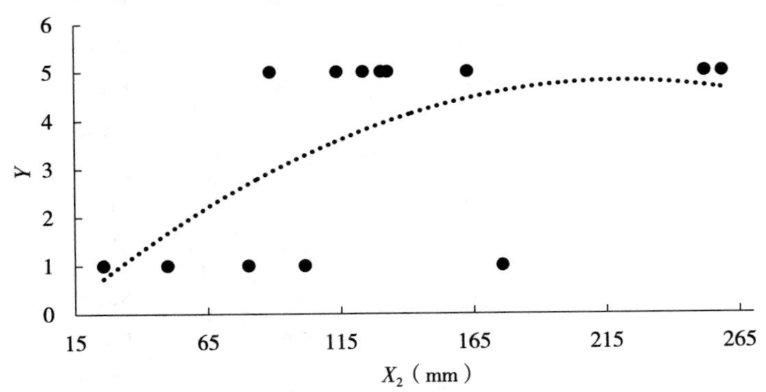

图 11－2　澄迈荔枝单产大小年年型等级 Y 与 X_2 的关系

图 11－3 说明，澄迈荔枝单产大小年年型等级 Y 与上一年 10 月 11～26 日每日相对湿度的平均（X_3）呈极显著正相关关系；澄迈荔枝单产大小年年型等级 Y 随着 X_3 的增加而

升高；回归方程为 $Y=-0.1204X_3^2+19.6760X_2-798.5500$（$r=0.700^{**}$，$n=13$，$r_{0.05}=0.553$，$r_{0.01}=0.684$）。

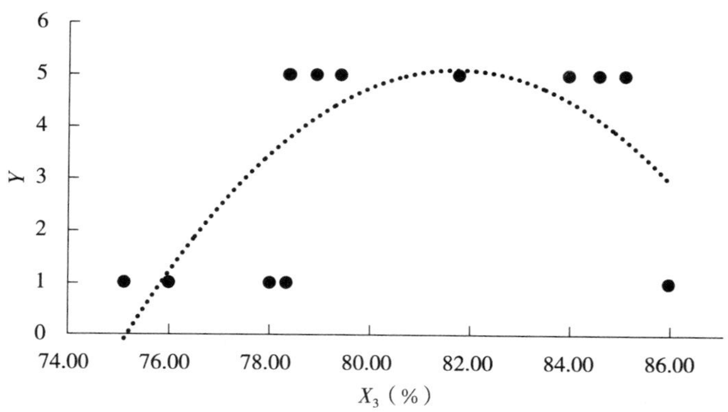

图 11－3　澄迈荔枝单产大小年年型等级 Y 与 X_3 的关系

图 11－4 说明，澄迈荔枝单产大小年年型等级 Y 与当年 4 月 1～15 日每日日照时数的累计（X_4）在 10%显著水平下呈正相关关系；澄迈荔枝单产大小年年型等级 Y 随着 X_4 的增加而升高；回归方程为 $Y=-0.0014X_4^2+0.2168X_4-4.4001$（$r=0.470$，$n=13$，$r_{0.10}=0.476$，$r_{0.05}=0.553$，$r_{0.01}=0.684$）。

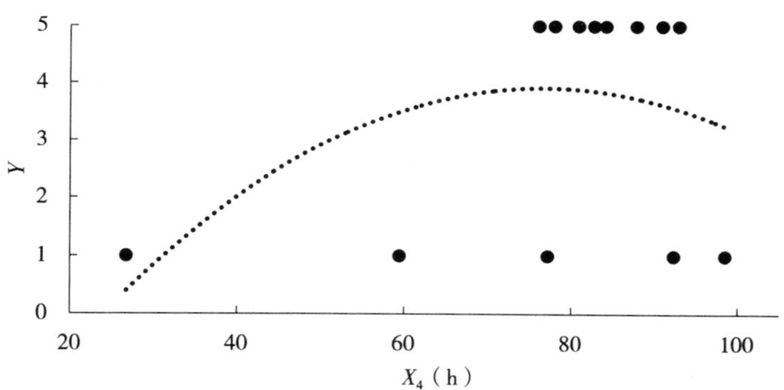

图 11－4　澄迈荔枝单产大小年年型等级 Y 与 X_4 的关系

第三节　澄迈荔枝单产大小年年型等级多元回归预测模型

1. 多元回归预测模型　基于表 11－2 中的 4 个关键气象指标，对澄迈 13 年已知荔枝单产大小年年型等级 Y 与表 11－2 中的 X_1、X_2、X_3 和 X_4 进行四元回归，得到 $Y=-14.5365-0.0478X_1+0.0109X_2+0.1756X_3+0.0784X_4$（$r=0.894^{**}$，$n=13$，$r_{0.05}=0.632$，$r_{0.01}=0.765$）。

2. 多元回归预测模型自回归误差　表 11－3 表明，模型自回归预测误差 13 年中有 11 年预测合格，在±1 个等级误差内的比例为 84.62%，预测模型合格。

表 11-3 澄迈荔枝单产大小年年型等级预测模型自回归结果

年份	Y	Y'	预测误差
2002	5	5.93	0.93
2003	1	2.86	1.86
2007	5	4.29	−0.71
2008	1	1.38	0.38
2009	5	5.56	0.56
2010	1	0.69	−0.31
2011	5	4.89	−0.11
2012	1	1.80	0.80
2013	5	3.33	−1.67
2016	5	4.22	−0.78
2017	1	0.73	−0.27
2018	5	4.44	−0.56
2020	5	4.89	−0.11

注：表中 Y 为荔枝当年实际单产大小年年型等级；Y' 为通过模型自回归预测的荔枝当年单产大小年年型等级；预测误差 $=Y'-Y$。

3. 多元回归预测模型验证 用基于表 11-2 的 4 个关键气象指标构建的综合预测模型 $Y=-14.5365-0.0478X_1+0.0109X_2+0.1756X_3+0.0784X_4$（$r=0.894^{**}$，$n=13$，$r_{0.05}=0.632$，$r_{0.01}=0.765$）预测并验证已知年型，验证年 2021 年荔枝单产大小年年型等级为大年。验证结果年型等级预测误差大于 1，说明模型预测结果不合格（表 11-4）。如果规定 Y' 大于 5 时即大年，本验证合格。

表 11-4 澄迈荔枝单产大小年年型等级预测结果

年份	Y	Y'	预测误差
2021	5	6.25	1.25

4. 多元回归预测模型关键气象指标范围 由于多元回归预测模型验证结果不合格，因此无法确定关键气象指标范围。

第四节 澄迈荔枝单产大小年年型等级判别模型的建立

表 11-5 为已知 14 年的数据（大年 9 年、小年 5 年）。其中 2021 年作为验证年，不参与判别模型的构建。

表 11-5 澄迈荔枝单产大小年年型等级判别分析结果

年份	X_1（h）	X_2（mm）	X_3（%）	X_4（h）	Y	Y'
2002	67.60	252.18	84.51	77.98	5	5

（续）

年份	X_1（h）	X_2（mm）	X_3（%）	X_4（h）	Y	Y'
2003	86.54	101.47	75.12	92.34	1	非大年
2007	55.00	123.70	78.38	80.90	5	5
2008	66.57	175.87	85.90	26.80	1	非大年
2009	61.48	130.47	83.90	87.83	5	5
2010	78.00	49.76	78.33	59.45	1	非大年
2011	82.19	258.74	79.38	84.17	5	5
2012	77.24	25.66	78.00	77.20	1	非大年
2013	76.02	162.87	78.36	76.11	5	5
2016	75.95	88.69	85.02	82.75	5	5
2017	139.70	80.30	76.00	98.51	1	非大年
2018	72.30	132.90	78.90	90.90	5	5
2020	71.97	113.71	81.72	92.90	5	5
2021	25.45	72.38	85.25	79.66	5	非大年

1. 多因素判别预测模型　判别模型构建方法：对已知年型13年的4个关键气象指标进行统计，得到：

①大年的4个关键气象指标同时满足以下4个条件：上一年8月1～15日每日日照时数的累计<85.0（h）、上一年9月16～30日每日降水量的累计>70.0（mm）、上一年10月11～26日每日相对湿度的平均>78.0（%）、当年4月1～15日每日日照时数的累计>75.0（h）。

②非大年的4个关键气象指标不能同时满足以下4个条件：上一年8月1～15日每日日照时数的累计<85.0（h）、上一年9月16～30日每日降水量的累计>70.0（mm）、上一年10月11～26日每日相对湿度的平均>78.0（%）、当年4月1～15日每日日照时数的累计>75.0（h）。

2. 多因素判别预测模型误差　应用表11-5中的4个判别条件判别：8个调查为大年年型的判别结果正确，5个调查为小年年型的判别结果为非大年年型，正确。

3. 多因素判别预测模型验证　应用表11-5中的4个判别条件判别：2021年为大年，判别结果正确。

4. 多因素判别预测模型关键气象指标范围　澄迈荔枝单产大小年年型等级的关键气象指标范围：

①大年关键气象指标同时满足以下4个条件：上一年8月1～15日每日日照时数的累计<85.0（h）、上一年9月16～30日每日降水量的累计>70.0（mm）、上一年10月11～26日每日相对湿度的平均>78.0（%）、当年4月1～15日每日日照时数的累计>75.0（h）。

②非大年关键气象指标不能同时满足以下4个条件：上一年8月1～15日每日日照时

数的累计＜85.0（h）、上一年 9 月 16～30 日每日降水量的累计＞70.0（mm）、上一年 10 月 11～26 日每日相对湿度的平均＞78.0（%）、当年 4 月 1～15 日每日日照时数的累计＞75.0（h）。

第五节　讨　　论

本案例中：

①X_1为“上一年 8 月 1～15 日每日日照时数的累计”，此时荔枝处于枝梢生长期，日照时数过多时不利于营养生长，对下一年单产的形成有负面影响[21]。

②X_2为“上一年 9 月 16～30 日每日降水量的累计”，此时荔枝处于枝梢生长期，降水量相对多且适宜时有利于营养生长，对下一年单产的形成有正面影响[21]。

③X_3为“上一年 10 月 11～26 日每日相对湿度的平均”，此时荔枝处于末次秋梢生长期、老熟期，相对湿度高时有利于营养生长，对下一年单产的形成有正面影响[21]。

④X_4为“当年 4 月 1～15 日每日日照时数的累计”，此时荔枝处于小果发育初期，日照时数多时单产高[18-21]。

⑤本案例基于 4 个关键气象指标建立的判别模型，只能判别出大年年型和非大年年型，非大年年型包括小年、偏小年、平年、偏大年，由于气象条件的交叉影响和历史数据的局限性，目前无法准确对非大年年型进一步判别。

第六节　结　　论

影响澄迈荔枝单产大小年年型等级的关键气象指标有 4 个，即“上一年 8 月 1～15 日每日日照时数的累计（X_1）”、“上一年 9 月 16～30 日每日降水量的累计（X_2）”、“上一年 10 月 11～26 日每日相对湿度的平均（X_3）”、“当年 4 月 1～15 日每日日照时数的累计（X_4）”。

得到澄迈荔枝单产大小年年型等级判别预测模型：

①当 $X_1<85.0$h、$X_2>70.0$mm、$X_3>78.0$%和 $X_4>75.0$h 4 个关键指标同时满足时即为大年。

②当 $X_1<85.0$h、$X_2>70.0$mm、$X_3>78.0$%和 $X_4>75.0$h 4 个关键指标不能同时满足时即为非大年。

第十二章　海南陵水荔枝单产大小年年型等级预测模型的建立

第一节　影响陵水荔枝单产大小年年型等级的关键气象指标

陵水是本书18个荔枝中唯一处于热带区域的地标。对陵水荔枝单产大小年年型等级的关键气象指标筛选结果如表12-1所示，关键气象指标数据见表12-2。

表12-1　影响陵水荔枝单产大小年年型等级的关键气象指标

变量和单位	定义	与单产关系
X_1（mm）	上一年8月上旬每日降水量的累计	负相关
X_2（mm）	上一年9月下旬每日降水量的累计	负相关
X_3（%）	上一年10月上旬每日相对湿度的平均	负相关

表12-2　影响陵水荔枝单产大小年年型等级气象指标的数据

年份	X_1（mm）	X_2（mm）	X_3（%）	Y
2002	128.11	29.75	84.53	5
2003	67.65	397.62	78.99	1
2007	136.98	173.43	83.14	5
2008	167.50	145.60	80.20	1
2009	143.15	172.93	85.82	5
2010	173.82	214.72	81.04	1
2011	123.79	56.97	88.92	1
2012	65.56	371.10	86.78	1
2013	30.21	19.24	75.24	5
2014	162.53	281.63	80.08	5
2018	56.97	109.85	85.50	5

注：表中Y为荔枝上一年实际单产大小年年型等级，共分为5级。1为单产小年，5为单产大年；合计11年，其中，2012、2018年两年作为验证年，不参与建模。

第二节　陵水荔枝单产大小年年型等级与关键气象指标关系模型

对表12-2中影响陵水荔枝单产大小年年型等级的3个关键指标与陵水荔枝单产大小

年年型等级关系制作散点图，并配回归方程，结果见图 12-1、图 12-3。

图 12-1 说明，陵水荔枝单产大小年年型等级 Y 与上一年 8 月上旬每日降水量的累计（X_1）的累计呈负相关关系；陵水荔枝单产大小年年型等级 Y 随着 X_1 的增加而降低；回归方程为 $Y=-0.00008X_1^2+0.0099X_1+3.3812$（$r=-0.16$，$n=9$，$r_{0.05}=0.666$，$r_{0.01}=0.798$）。

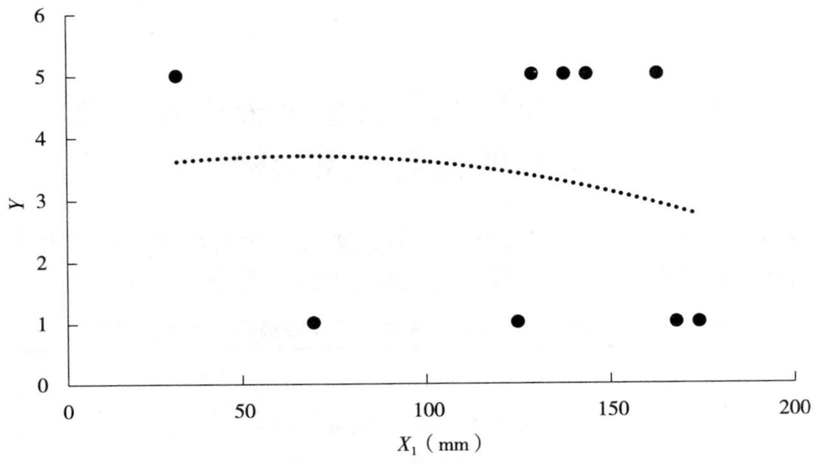

图 12-1　陵水荔枝单产大小年年型等级 Y 与 X_1 的关系

图 12-2 说明，陵水荔枝单产大小年年型等级 Y 与上一年 9 月下旬每日降水量的累计（X_2）呈负相关关系；陵水荔枝单产大小年年型等级 Y 随着 X_2 的增加而降低；回归方程为 $Y=8.4999X_2^{-0.263}$（$r=-0.322$，$n=9$，$r_{0.05}=0.666$，$r_{0.01}=0.798$）。

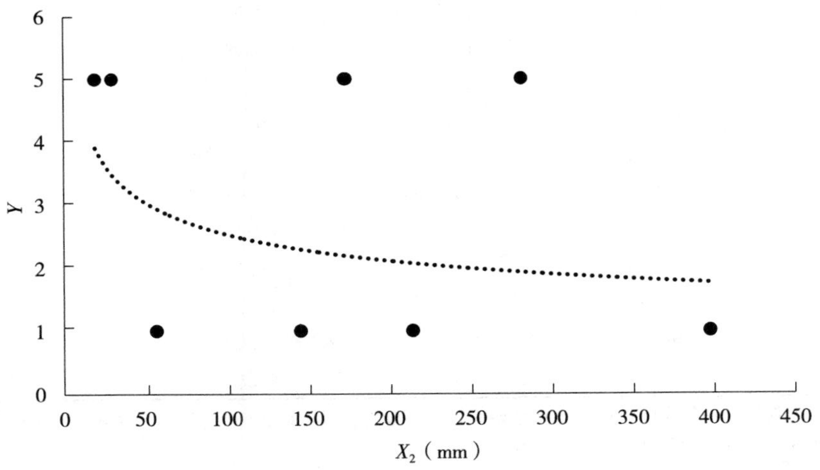

图 12-2　陵水荔枝单产大小年年型等级 Y 与 X_2 的关系

图 12-3 说明，陵水荔枝单产大小年年型等级 Y 与上一年 10 月上旬每日相对湿度的平均（X_3）呈负相关关系；陵水荔枝单产大小年年型等级 Y 随着 X_3 的增加而降低；回归方程为 $Y=-0.0023X_3^2+0.3471X_1-9.5721$（$r=-0.071$，$n=9$，$r_{0.05}=0.666$，$r_{0.01}=0.798$）。

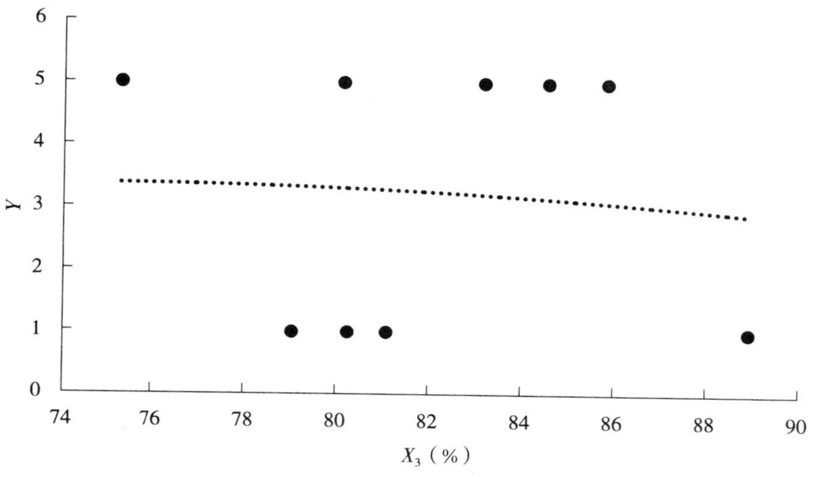

图 12－3　陵水荔枝单产大小年年型等级 Y 与 X_3 的关系

第三节　陵水荔枝单产大小年年型等级多元回归预测模型

1. 多元回归预测模型　基于表 12－2 中的 3 个关键气象指标，对陵水 9 年已知荔枝单产大小年年型等级 Y 与表 12－2 中的 X_1、X_2 和 X_3 进行三元回归，得到 $Y=9.7933-0.0019X_1-0.0054X_2-0.0663X_3$（$r=0.328$，$n=9$，$r_{0.05}=0.754$，$r_{0.01}=0.875$）。

2. 多元回归预测模型自回归误差　表 12－3 表明，模型自回归预测误差 9 年中有 1 年预测合格，在±1 个等级误差内的比例为 11.11%，预测模型不合格。

表 12－3　陵水荔枝单产大小年年型等级预测模型自回归结果

年份	Y	Y'	预测误差
2002	5	3.79	−1.21
2003	1	2.27	1.27
2007	5	3.08	−1.92
2008	1	3.37	2.37
2009	5	2.90	−2.10
2010	1	2.93	1.93
2011	1	3.36	2.36
2013	5	4.64	−0.36
2014	5	2.65	−2.35

注：表中 Y 为荔枝上一年实际单产大小年年型等级；Y' 为通过模型自回归预测的荔枝上一年单产大小年年型等级；预测误差$=Y'-Y$。

3. 多元回归预测模型验证　用基于表 12－2 的 3 个关键气象指标构建的综合预测模型 $Y=9.7933-0.0019X_1-0.0054X_2-0.0663X_3$（$r=0.328$，$n=9$，$r_{0.05}=0.754$，$r_{0.01}=0.875$）预测并验证已知年型，其中 2012 年荔枝单产大小年年型等级为小年，2018

年荔枝单产大小年年型等级为大年。验证结果年型等级预测误差 2018 年大于 1，说明模型预测结果不合格（表 12-4）。

表 12-4 陵水荔枝单产大小年年型等级预测结果

年份	Y	Y'	预测误差
2012	1	1.90	0.90
2018	5	3.42	−1.58

4. 多元回归预测模型关键气象指标范围 由于多元回归预测模型不合格，因此无法确定关键气象指标范围。

第四节 陵水荔枝单产大小年年型等级判别模型的建立

表 12-5 为已知 9 年的数据（大年 5 年、小年 4 年）。其中 2012、2018 年作为验证年，不参与判别模型的构建。

表 12-5 陵水荔枝单产大小年年型等级判别分析结果

年份	X_1（mm）	X_2（mm）	X_3（%）	Y	Y'
2002	128.11	29.75	84.53	5	大年
2003	67.65	397.62	78.99	1	非大年
2007	136.98	173.43	83.14	5	大年
2008	167.50	145.60	80.20	1	非大年
2009	143.15	172.93	85.82	5	大年
2010	173.82	214.72	81.04	1	非大年
2011	123.79	56.97	88.92	1	非大年
2013	30.21	19.24	75.24	5	大年
2014	162.53	281.63	80.08	5	大年
2012	65.56	371.10	86.78	1	非大年
2018	56.97	109.85	85.50	5	大年

1. 多因素判别预测模型 判别模型构建方法：对已知年型 9 年的 3 个关键气象指标进行统计，得到：

①大年的 3 个关键气象指标同时满足以下 3 个条件：上一年 8 月上旬每日降水量的累计＜165（mm）、上一年 9 月下旬每日降水量的累＜300（mm）、上一年 10 月上旬每日相对湿度的平均＜86.0（%）。

②非大年的 3 个关键气象指标不能同时满足以下 3 个条件：上一年 8 月上旬每日降水量的累计＜165（mm）、上一年 9 月下旬每日降水量的累＜300（mm）、上一年 10 月上旬每日相对湿度的平均＜86.0（%）。

2. 多因素判别预测模型误差 应用表 12-5 中的 3 个判别条件判别：5 个调查为大年

年型的判别结果正确，4 个调查为小年年型的判别结果为小年，正确。

3. 多因素判别预测模型验证　应用表 12－5 中的 3 个判别条件判别：2012 年为小年，2018 年为大年，判别结果正确。

4. 多因素判别预测模型关键气象指标范围　陵水荔枝单产大小年年型等级的关键气象指标范围：

①大年的 3 个关键气象指标同时满足以下 3 个条件：上一年 8 月上旬每日降水量的累计＜165（mm）、上一年 9 月下旬每日降水量的累计＜300（mm）、上一年 10 月上旬每日相对湿度的平均＜86.0（%）。

②非大年的 3 个关键气象指标不能同时满足以下 3 个条件：上一年 8 月上旬每日降水量的累计＜165（mm）、上一年 9 月下旬每日降水量的累计＜300（mm）、上一年 10 月上旬每日相对湿度的平均＜86.0（%）。

第五节　讨　　论

本案例中：

①X_1为“上一年 8 月上旬每日降水量的累计（X_1）”，此时荔枝处于枝梢生长期，降水量多时植株生长旺盛，不利于养分的相对积累，对下一年单产的形成有负面影响[18,21,24]。

②X_2为“上一年 9 月下旬每日降水量的累计（X_2）”，此时荔枝处于枝梢生长期，降水量多时植株生长旺盛，不利于养分的相对积累，对下一年单产的形成有负面影响[18,21,24]。

③X_3为“上一年 10 月上旬每日相对湿度的平均（X_3）”，此时荔枝处于末次秋梢生长期、老熟期，相对湿度高时植株生长旺盛，不利于养分的相对积累，对下一年单产的形成有负面影响[18,21,24]。

④本案例基于 3 个关键气象指标建立的判别模型，只能判别出大年年型和小年年型，由于气象条件的交叉影响和历史数据的局限性，目前无法准确对其他年型进一步判别。

第六节　结　　论

影响陵水荔枝单产大小年年型等级的关键气象指标有 3 个，即“上一年 8 月上旬每日降水量的累计（X_1）”、“上一年 9 月下旬每日降水量的累计（X_2）”和“上一年 10 月上旬每日相对湿度的平均（X_3）”。

得到陵水荔枝单产大小年年型等级判别预测模型：

①当 $X_1<165$（mm）、$X_2<300$（mm）、$X_3<86.0$（%）3 个关键指标同时满足时即为大年。

②当 $X_1<165$（mm）、$X_2<300$（mm）、$X_3<86.0$（%）3 个关键指标不能同时满足时即为小年。

第十三章 海南儋州荔枝单产大小年年型等级预测模型的建立

第一节 影响儋州荔枝单产大小年年型等级的关键气象指标

对儋州荔枝单产大小年年型等级的关键气象指标筛选结果如表 13-1 所示，关键气象指标数据见表 13-2。

表 13-1 影响儋州荔枝单产大小年年型等级的关键气象指标

变量和单位	定义	与单产关系
X_1（h）	上一年 10 月 1 日至 11 月 30 日每日日照时数的累积	负相关
X_2（%）	上一年 12 月 1 日至当年 1 月 5 日每日最小相对湿度的平均	负相关

表 13-2 影响儋州荔枝单产大小年年型等级气象指标的数据

年份	X_1（h）	X_2（%）	Y
1991	271.20	54.00	4
1992	340.60	65.19	1
1993	311.10	57.33	2
1994	276.40	62.00	3
1995	417.30	69.94	1
1996	204.00	58.42	4
1997	201.50	61.33	5
1998	354.50	65.78	2
1999	294.50	63.06	3
2000	237.30	63.44	5
2001	271.30	66.42	3
2002	357.90	65.94	1
2003	256.60	75.92	3
2004	328.20	54.94	3
2005	352.00	51.50	2
2006	291.10	62.97	3
2007	413.50	62.44	1

（续）

年份	X_1（h）	X_2（%）	Y
2008	165.40	55.97	5
2009	247.60	61.39	4
2010	244.20	60.58	4
2011	225.50	59.50	4
2012	240.80	65.19	5
2013	341.20	73.31	2
2014	206.00	59.50	5
2015	334.10	72.17	2
2016	381.00	73.31	1
2017	281.40	66.61	4
2018	188.20	64.94	5
2019	351.30	73.86	1

注：表中 Y 为荔枝当年实际单产大小年年型等级，共分为 5 级。1 为单产小年，5 为单产大年；合计 29 年，其中，2017、2018、2019 年 3 年作为验证年，不参与建模。

第二节　儋州荔枝单产大小年年型等级与关键气象指标关系模型

对表 13－2 中影响儋州荔枝单产大小年年型等级的两个关键指标与儋州荔枝单产大小年年型等级关系制作散点图，并配回归方程，结果见图 13－1、图 13－2。

图 13－1 说明，儋州荔枝单产大小年年型等级与上一年 10 月 1 日至 11 月 30 日每日日照时数的累积（X_1）呈极显著负相关关系；荔枝单产大小年年型等级随着 X_1 的增加而降低；回归方程为 $Y=-0.000\,008X_1^2-0.015\,3X_1+8.183\,7$（$r=-0.925^{**}$，$n=26$，$r_{0.05}=0.388$，$r_{0.01}=0.496$）。

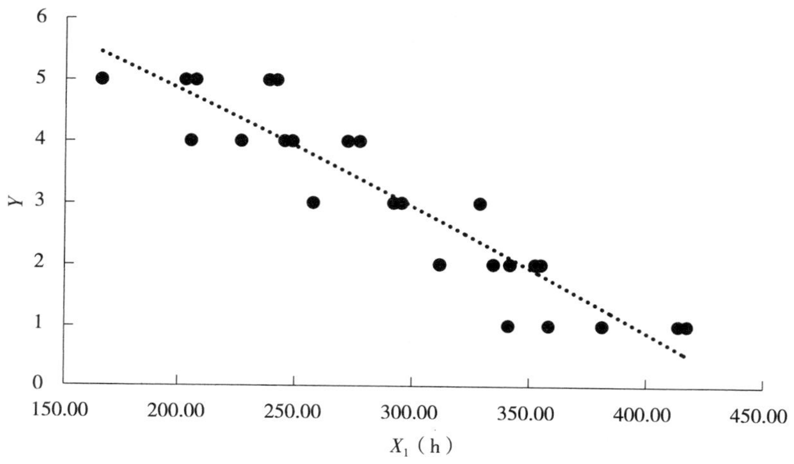

图 13－1　儋州荔枝单产大小年年型等级 Y 与 X_1 的关系

图 13－2 说明，儋州荔枝单产大小年年型等级与上一年 12 月 1 日至当年 1 月 5 日每日最小相对湿度的平均（X_2）呈显著负相关关系；荔枝单产大小年年型等级随着 X_2 的增加而降低；回归方程为 $Y=-0.0062X_2^2+0.7004X_2-16.3040$（$r=-0.435^*$，$n=26$，$r_{0.05}=0.388$，$r_{0.01}=0.496$）。

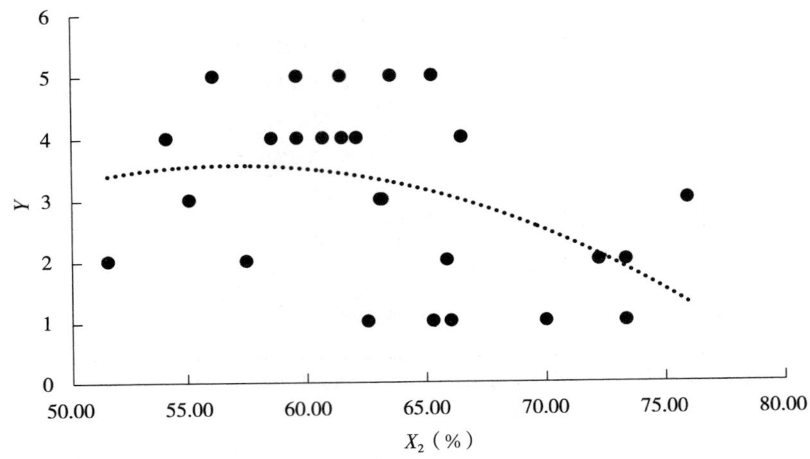

图 13－2　儋州荔枝单产大小年年型等级 Y 与 X_2 的关系

第三节　儋州荔枝单产大小年年型等级多元回归预测模型

1. 多元回归预测模型　基于表 13－2 中的两个关键气象指标，对儋州 26 年已知荔枝单产大小年年型等级 Y 与表 13－2 中的 X_1 和 X_2 进行二元回归，得到 $Y=9.6876-0.0192X_1-0.0164X_2$（$r=0.927^{**}$，$n=26$，$r_{0.05}=0.396$，$r_{0.01}=0.505$）。

2. 多元回归预测模型自回归误差　表 13－3 表明，模型自回归预测误差 26 年中有 24 年预测合格，在±1 个等级误差内的比例为 92.30%，预测模型合格。

表 13－3　儋州荔枝单产大小年年型等级预测模型自回归结果

年份	Y	Y'	预测误差	年份	Y	Y'	预测误差
1991	4	3.61	−0.39	2000	5	4.10	−0.90
1992	1	2.09	1.09	2001	4	3.40	−0.60
1993	2	2.79	0.79	2002	1	1.75	0.75
1994	4	3.37	−0.63	2003	3	3.52	0.52
1995	1	0.54	−0.46	2004	3	2.50	−0.50
1996	4	4.82	0.82	2005	2	2.10	0.10
1997	5	4.82	−0.18	2006	3	3.08	0.08
1998	2	1.82	−0.18	2007	1	0.74	−0.26
1999	3	3.01	0.01	2008	5	5.60	0.60

（续）

年份	Y	Y'	预测误差	年份	Y	Y'	预测误差
2009	4	3.94	−0.06	2013	2	1.95	−0.05
2010	4	4.01	0.01	2014	5	4.76	−0.24
2011	4	4.39	0.39	2015	2	2.10	0.10
2012	5	4.00	−1.00	2016	1	1.18	0.18

注：表中 Y 为荔枝当年实际单产大小年年型等级；Y' 为通过模型自回归预测的荔枝当年单产大小年年型等级；预测误差 $=Y'-Y$。

3. 多元回归预测模型验证　用基于表 13－4 的关键气象指标构建的综合预测模型 $Y=9.6876-0.0192X_1-0.0164X_2$（$r=0.927^{**}$，$n=26$，$r_{0.05}=0.396$，$r_{0.01}=0.505$）预测并验证已知年型，预测误差全部合格，模型合格率为 100.00%，说明模型预测结果合格（表 13－4）。

表 13－4　儋州荔枝单产大小年年型等级预测结果

年份	Y	Y'	预测误差
2017	4	3.20	−0.80
2018	5	5.02	0.02
2019	1	1.74	0.74

4. 多元回归预测模型关键气象指标范围　表 13－5 为儋州荔枝单产大小年年型等级的多元回归预测模型的关键气象指标范围。

表 13－5　儋州荔枝最佳气象指标范围

指标	大年（n=6）	偏大年（n=8）	平年（n=4）	偏小年（n=5）	小年（n=6）
X_1（h）	165.40～240.80	204.00～281.40	256.60～328.20	311.10～354.50	340.60～417.30
X_2（%）	55.97～65.19	54.00～66.61	54.94～75.92	51.50～73.31	62.44～73.86

第四节　儋州荔枝单产大小年年型等级判别模型的建立

表 13－6 为已知 29 年的数据（大年 6 年、偏大年 8 年、平年 4 年、偏小年 5 年、小年 6 年）。其中 2017—2019 年作为验证年，不参与判别模型的构建。

表 13－6　儋州荔枝单产大小年年型等级判别分析结果

年份	X_1（h）	X_2（%）	Y	Y'
1991	271.20	54.00	4	大年或偏大年
1992	340.60	65.19	1	非大年和非偏大年
1993	311.10	57.33	2	非大年和非偏大年

（续）

年份	X_1（h）	X_2（%）	Y	Y'
1994	276.40	62.00	4	大年或偏大年
1995	417.30	69.94	1	非大年和非偏大年
1996	204.00	58.42	4	大年或偏大年
1997	201.50	61.33	5	大年或偏大年
1998	354.50	65.78	2	非大年和非偏大年
1999	294.50	63.06	3	非大年和非偏大年
2000	237.30	63.44	5	大年或偏大年
2001	271.30	66.42	4	大年或偏大年
2002	357.90	65.94	1	非大年和非偏大年
2003	256.60	75.92	3	非大年和非偏大年
2004	328.20	54.94	3	非大年和非偏大年
2005	352.00	51.50	2	非大年和非偏大年
2006	291.10	62.97	3	非大年和非偏大年
2007	413.50	62.44	1	非大年和非偏大年
2008	165.40	55.97	5	大年或偏大年
2009	247.60	61.39	4	大年或偏大年
2010	244.20	60.58	4	大年或偏大年
2011	225.50	59.50	4	大年或偏大年
2012	240.80	65.19	5	大年或偏大年
2013	341.20	73.31	2	非大年和非偏大年
2014	206.00	59.50	5	大年或偏大年
2015	334.10	72.17	2	非大年和非偏大年
2016	381.00	73.31	1	非大年和非偏大年
2017	281.40	66.61	4	大年或偏大年
2018	188.20	64.94	5	大年或偏大年
2019	351.30	73.86	1	非大年和非偏大年

1. 多因素判别预测模型　判别模型构建方法：

利用表 13－2 已知年型 26 年构造判别条件，利用 2017—2019 年 3 年年型作为判别模型的验证，得到：

①两个关键气象指标能够同时满足 $X_1<285.0$（h）和 $X_2<70.00$（%）的年型为大年或偏大年。

②两个关键气象指标不能同时满足 $X_1<285.0$（h）和 $X_2<70.00$（%）的年型为非大年和非偏大年。

2. 多因素判别预测模型自回归误差　应用表 13－6 中的 2 个判别条件判别：5 个调查

为大年年型和 7 个调查为偏大年年型的判别结果为大年或偏大年，正确；4 个调查为平年年型、5 个调查为偏小年年型和 5 个调查为小年年型的判别结果为非大年和偏大年年型，正确。

3. 多因素判别预测模型验证　应用两个判别条件判别：2017、2018 年 2 年为大年或偏大年，正确；2019 年为非大年和偏大年，正确。

4. 多因素判别预测模型关键气象指标范围　儋州荔枝单产大小年年型等级的关键气象指标范围见表 13－7。

表 13－7　儋州荔枝单产大小年年型等级的关键气象指标范围

指标	大年（n=6）偏大年（n=8）	平年（n=4）偏小年（n=5）小年（n=6）
X_1（h）	$X_1 < 285.0$（h）	$X_1 \geqslant 285.0$（h）
X_2（%）	$X_2 < 70.00$（%）	$X_2 \geqslant 70.00$（%）

第五节　讨　　论

本案例中：

①X_1为上一年 10 月 1 日至 11 月 30 日每日日照时数的累积（h），此时荔枝处于末次秋梢生长期和老熟期，日照时数高时有利于植株的旺盛生长，不利于养分的相对积累，对下一年单产形成有负面影响[21]。

②X_2为上一年 12 月 1 日至当年 1 月 5 日每日最小相对湿度的平均（%），此时荔枝处于花芽分化期和花芽开始萌发生长期，相对湿度大时不利于花芽分化，高湿度是造成小年的主要原因[18,21]。

第六节　结　　论

①影响儋州区荔枝单产大小年年型等级的关键气象指标有两个，即“上一年 10 月 1 日至 11 月 30 日每日日照时数的累积（X_1）”和“上一年 12 月 1 日至当年 1 月 5 日每日最小相对湿度的平均”（X_2）。

②判别模型优于多元回归预测模型。

③使用判别模型时，当 $X_1 < 285.0$（h）和 $X_2 < 70.0$（%）两个关键气象指标同时满足的即为大年或偏大年，否则为非大年和非偏大年。

第十四章　广东深圳荔枝单产大小年年型等级预测模型的建立

第一节　影响深圳荔枝单产大小年年型等级的关键气象指标

对深圳荔枝单产大小年年型等级的关键气象指标筛选结果如表 14－1 所示，关键气象指标数据见表 14－2。

表 14－1　影响深圳荔枝单产大小年年型等级的关键气象指标

变量和单位	定义	与单产关系
X_1（%）	上一年 10 月 16 日至 11 月 10 日每日平均相对湿度的平均	负相关
X_2（℃）	当年 5 月 16 日至 6 月 5 日每日最低温度的平均	正相关

表 14－2　影响深圳荔枝单产大小年年型等级气象指标的数据

年份	X_1（%）	X_2（℃）	Y
2007	68.72	24.49	1
2010	70.10	24.10	1
2012	73.10	25.31	1
2013	72.11	25.10	1
2014	64.90	26.48	5
2015	72.61	26.01	1
2016	75.21	25.63	1
2017	80.36	24.96	1
2018	67.15	27.31	5
2019	74.69	25.76	1
2020	63.58	26.20	5
2021	66.09	27.26	5
2022	73.89	25.01	1

注：表中 Y 为荔枝当年实际单产大小年等级，共分为 5 级。1 为单产小年，5 为单产大年；合计 13 年，其中 2020、2021、2022 年用于验证。

第二节　深圳荔枝单产大小年年型等级与关键气象指标关系模型

对表 14－2 中影响深圳荔枝单产大小年年型等级的两个关键指标与深圳荔枝单产大小年年型等级关系制作散点图，并配回归方程，结果见图 14－1、图 14－2。

图 14－1 说明，深圳市荔枝单产大小年年型等级与上一年 10 月 16 日至 11 月 10 日每日平均相对湿度的平均（X_1）呈极显著负相关关系；当 $X_1<70\%$时，荔枝单产大小年等级为大年；回归方程为 $Y=0.0383X_1^2-5.8142X_1+221.0500$（$r=-0.879^{**}$，$n=10$，$r_{0.05}=0.632$，$r_{0.01}=0.765$）。

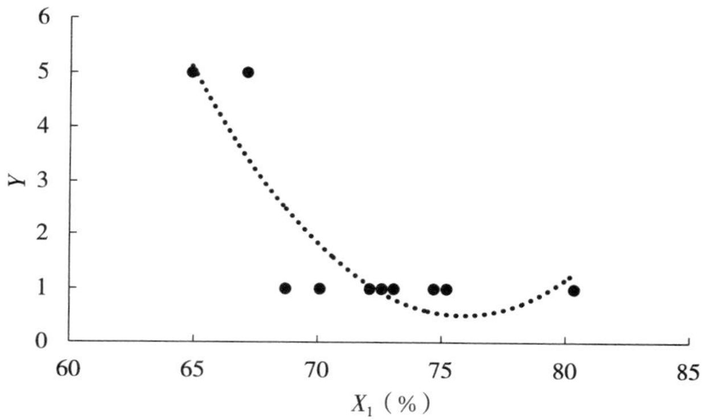

图 14－1　深圳荔枝单产大小年年型等级与 X_1 的关系

图 14－2 说明，深圳荔枝单产大小年年型等级与当年 5 月 16 日至 6 月 5 日每日最低温度的平均（X_2）呈极显著正相关关系；当 $X_2>26.4$℃时，荔枝单产大小年等级为大年；回归方程为 $Y=0.7794X_2^2-38.6950X_2+481.0000$（$r=0.862^{**}$，$n=10$，$r_{0.05}=0.632$，$r_{0.01}=0.765$）。

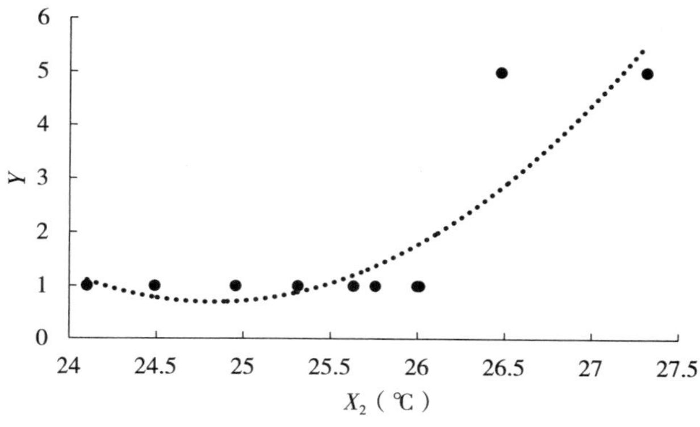

图 14－2　深圳荔枝单产大小年年型等级与 X_2 的关系

第三节　深圳单产大小年年型等级多元回归预测模型

1. 多元回归预测模型　深圳荔枝单产大小年年型等级（Y）多元回归预测模型：对深圳10年已知荔枝单产大小年年型等级（Y）与表1-2中的X_1、X_2进行二元回归，得到$Y=-9.1527-0.1941X_1+0.9727X_2$（$r=0.930^{**}$，$n=10$，$r_{0.05}=0.666$，$r_{0.01}=0.798$）。

2. 多元回归预测模型自回归误差　表14-3表明，模型自回归预测误差10年中有6年预测合格，在±1个等级误差内的比例为60.00%，预测模型不合格。

表14-3　深圳荔枝单产大小年年型等级预测模型自回归结果

年份	Y	Y'	自回归误差
2007	1	1.33	0.33
2010	1	0.69	−0.31
2012	1	1.28	0.28
2013	1	2.14	1.14
2014	5	4.00	−1.00
2015	1	2.06	1.06
2016	1	1.18	0.18
2017	1	−0.47	−1.47
2018	5	4.38	−0.62
2019	1	1.41	0.41

注：表中Y为荔枝当年实际单产大小年年型等级；Y'为通过模型自回归预测的荔枝当年单产大小年年型等级；预测误差$=Y'-Y$。

3. 多元回归预测模型验证　用基于表14-2的两个关键指标构建的多元回归预测模型$Y=-9.1527-0.1941X_1+0.9727X_2$（$n=10$，$r=0.930^{**}$，$r_{0.05}=0.666$，$r_{0.01}=0.798$）预测并验证已知年型，其中2020、2021、2022年荔枝单产大小年等级分别为大年、大年、小年。验证结果是2020年年型等级预测误差不合格，其他2年预测误差合格，说明模型预测结果勉强合格，结果见表14-4。

表14-4　深圳荔枝单产大小年年型等级预测结果

年份	Y	Y'	预测误差
2020	5	4.00	−1.00
2021	5	4.53	−0.47
2022	1	0.83	−0.17

4. 多元回归预测模型关键气象指标范围　由于多元回归预测模型不合格，验证结果勉强合格，因此无法确定关键气象指标范围。

第四节　深圳荔枝单产大小年年型等级判别模型的建立

将 2020、2021、2022 年荔枝单产大小年年型等级和对应表 14－2 的两个关键指标数据列入表 14－5，形成 13 个年型样本，大年 4 年、小年 9 年，其中 2020、2021、2022 年 3 年年型作为判别模型验证的样本。

1. 多因素判别预测模型　判别模型构建方法：对已知年型 10 年的 2 个关键气象指标进行统计，得到：

①大年的 2 个关键气象指标同时满足：上一年 10 月 16 日至 11 月 10 日每日平均相对湿度的平均＜68.0（%）、当年 5 月 16 日至 6 月 5 日每日最低温度的平均＞26.0℃。

②非大年的 2 个关键气象指标不能同时满足：上一年 10 月 16 日至 11 月 10 日每日平均相对湿度的平均≤68.0（%）、当年 5 月 16 日至 6 月 5 日每日最低温度的平均≥26.0℃。

2. 多因素判别预测模型自回归误差　应用表 14－5 中的 2 个判别条件判别：2 个调查为大年年型的判别结果正确，8 个调查为小年年型的判别结果为非大年年型，正确。

3. 多因素判别预测模型验证　应用表 14－5 中的 2 个判别条件判别：2020 和 2021 年均为大年、2022 年为非大年，判别结果正确。

表 14－5　深圳荔枝单产大小年年型等级判别分析结果

年份	X_1（%）	X_2（℃）	Y	Y'
2007	68.72	24.49	1	非大年
2010	70.10	24.10	1	非大年
2012	73.09	25.31	1	非大年
2013	72.11	26.00	1	非大年
2014	64.90	26.48	5	大年
2015	72.61	26.01	1	非大年
2016	75.21	25.63	1	非大年
2017	80.36	24.96	1	非大年
2018	67.15	27.31	5	大年
2019	74.69	25.76	1	非大年
2020	63.58	26.20	5	大年
2021	66.09	27.26	5	大年
2022	73.89	25.01	1	非大年

4. 多因素判别预测模型关键气象指标范围　表 14－6 为深圳荔枝单产大小年年型的大年和非大年的气象指标范围。

表 14-6　深圳荔枝的气象指标范围

指标	大年（n=4）	非大年（n=9）
X_1（%）	<68.0	≥68.0
X_2（℃）	>26.0	≤26.0

第五节　讨　　论

本案例中：

①X_1为“上一年 10 月 16 日至 11 月 10 日每日平均相对湿度的平均”，此时荔枝处于末次秋梢生长期和老熟期，相对湿度高时有利于植株营养生长，不利于养分的相对积累，对下一年单产的形成有负面影响[21,24]。

②X_2为“当年 5 月 16 日至 6 月 5 日每日最低温度的平均”，此时荔枝处于果实迅速生长发育期、开始成熟期和成熟期，温度高时有利于高产[19,26-28]。

③本案例基于 2 个关键气象指标建立的判别模型，只能判别出大年年型和非大年年型，非大年年型包括小年、偏小年、平年、偏大年，由于气象条件的交叉影响和历史数据的局限性，目前无法准确对非大年年型进一步判别。

第六节　结　　论

影响深圳荔枝单产大小年年型等级的关键气象指标有两个，即“上一年 10 月 16 日至 11 月 10 日每日平均相对湿度的平均（X_1）”和“当年 5 月 16 日至 6 月 5 日每日最低温度的平均（X_2）”。

得到深圳荔枝单产大小年年型等级判别预测模型：

①当 X_1<68.0%、X_2>26.0℃两个关键指标同时满足时即为大年。

②当 X_1<68.0%、X_2>26.0℃两个关键指标不能同时满足时即为非大年。

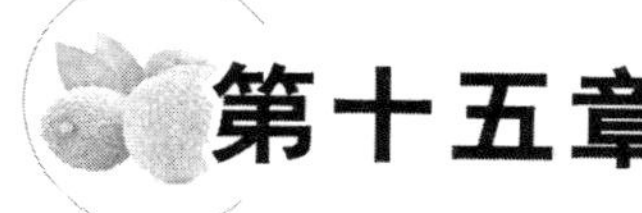

第十五章　广东东莞荔枝单产大小年年型等级预测模型的建立

第一节　影响东莞荔枝单产大小年年型等级的关键气象指标

对东莞荔枝单产大小年年型等级的关键气象指标筛选结果如表 15 - 1 所示，关键气象指标数据见表 15 - 2。

表 15 - 1　影响东莞荔枝单产大小年年型等级的关键气象指标

变量和单位	定义	与单产关系
X_1（℃）	上一年 10 月平均温度	负相关
X_2（h）	当年 3 月日照时数累计	正相关
X_3（%）	当年 3 月平均相对湿度	负相关

表 15 - 2　影响东莞荔枝单产大小年年型等级气象指标的数据

年份	X_1（℃）	X_2（h）	X_3（%）	Y
2010	24.25	129.34	72.15	5
2011	24.46	113.24	62.05	5
2012	24.96	108.93	76.70	1
2015	25.32	95.60	79.89	1
2016	26.34	98.35	80.94	1
2017	25.78	84.20	80.35	1
2018	24.47	188.10	72.61	5
2019	26.06	94.80	82.77	1
2020	24.70	105.60	80.91	1
2021	24.55	124.64	72.09	5

注：表中 Y 为荔枝当年实际单产大小年年型等级，共分为 5 级。1 为单产小年，5 为单产大年；合计 10 年，其中，2019、2020、2021 年 3 年作为验证年，不参与建模。

第二节　东莞荔枝单产大小年年型等级与关键气象指标关系模型

对表 15 - 2 中影响东莞荔枝单产大小年年型等级的 3 个关键指标与东莞荔枝单产大小

年年型等级关系制作散点图，并配回归方程，结果见图 15－1、图 15－3。

图 15－1 说明，东莞荔枝单产大小年年型等级与上一年 10 月平均温度（X_1）呈极显著负相关关系；荔枝单产大小年等级随着 X_1 的增加而降低；回归方程为 $Y=2.205\,4X_1^2-113.740\,0X_1+1\,466.900\,0$（$r=-0.951^{**}$，$n=7$，$r_{0.05}=0.754$，$r_{0.01}=0.875$）。

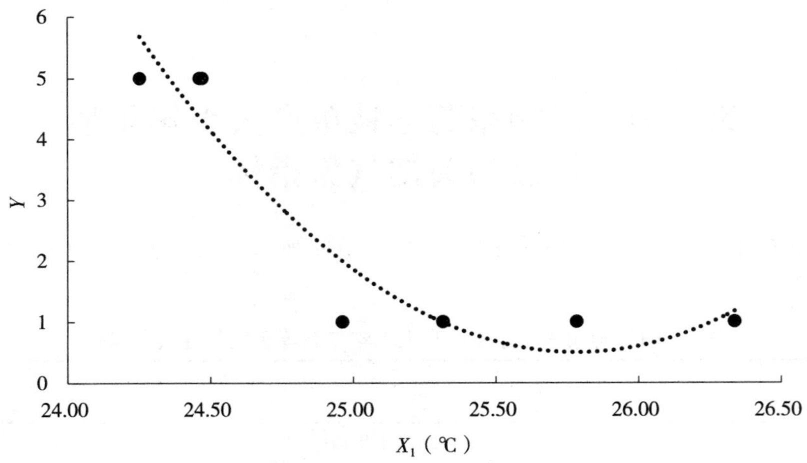

图 15－1　东莞荔枝单产大小年年型等级 Y 与 X_1 的关系

图 15－2 说明，东莞荔枝单产大小年年型等级与当年 3 月日照时数（X_2）呈显著正相关关系；荔枝单产大小年年型等级随着 X_2 的增加而增加；回归方程为 $Y=-0.000\,8X_2^2+0.278\,4X_2-17.446\,0$（$r=0.828^{*}$，$n=7$，$r_{0.10}=0.669$，$r_{0.05}=0.754$，$r_{0.01}=0.875$）。

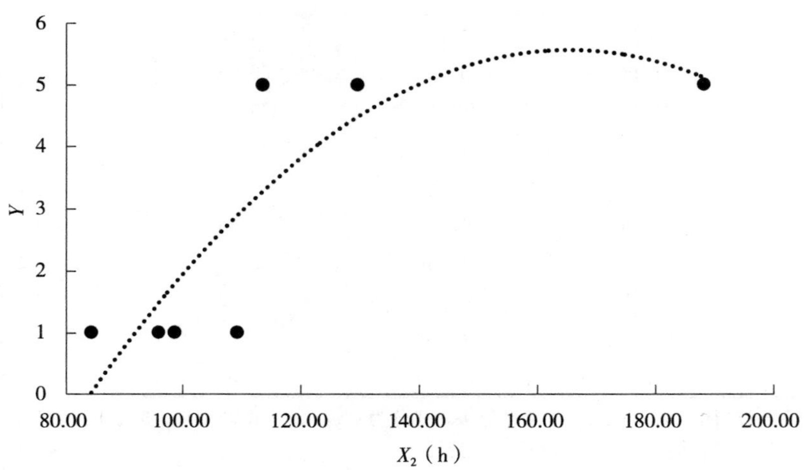

图 15－2　东莞荔枝单产大小年年型等级 Y 与 X_2 的关系

图 15－3 说明，东莞荔枝单产大小年年型等级与当年 3 月平均相对湿度（X_3）呈极显著负相关关系；荔枝单产大小年年型等级随着 X_3 的增加而减少；回归方程为 $Y=-0.020\,5X_3^2+2.675\,8X_3-82.077\,0$（$r=-0.919^{**}$，$n=7$，$r_{0.05}=0.754$，$r_{0.01}=0.875$）。

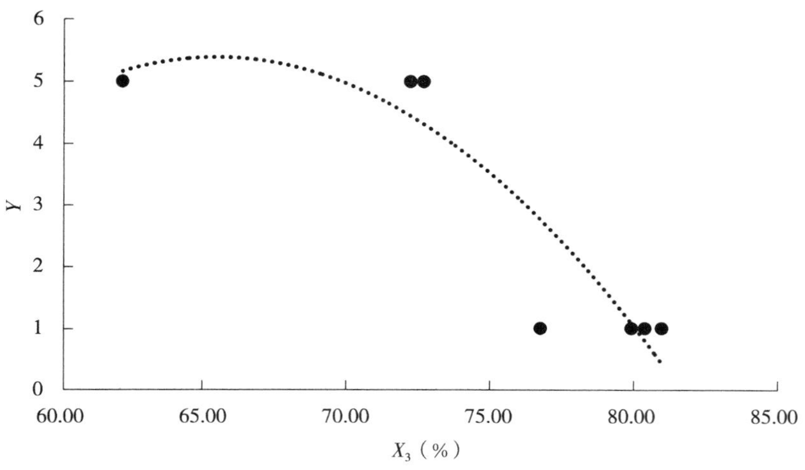

图 15-3　东莞荔枝单产大小年年型等级 Y 与 X_3 的关系

第三节　东莞荔枝单产大小年年型等级多元回归预测模型

1. 多元回归预测模型　基于表 15-2 中的 3 个关键气象指标，对东莞 7 年已知荔枝单产大小年年型等级（Y）与表 15-2 中的 X_1、X_2、X_3 进行三元回归，得到 $Y=22.9212-0.3877X_1+0.0252X_2-0.1792X_3$（$r=0.940^*$，$n=7$，$r_{0.05}=0.878$，$r_{0.01}=0.959$）。

2. 多元回归预测模型自回归误差　表 15-3 表明，模型自回归预测误差 7 年中有 5 年预测合格，在±1 个等级误差内的比例为 71.43%，预测模型不合格。

表 15-3　东莞荔枝单产大小年年型等级预测模型自回归结果

年份	Y	Y'	预测误差
2010	5	3.86	−1.14
2011	5	5.18	0.18
2012	1	2.25	1.25
2015	1	1.21	0.21
2016	1	0.69	−0.31
2017	1	0.65	−0.35
2018	5	5.17	0.17

注：表中 Y 为荔枝当年实际单产大小年年型等级；Y' 为通过模型自回归预测的荔枝当年单产大小年年型等级；预测误差 $=Y'-Y$。

3. 多元回归预测模型验证　用基于表 15-2 的 3 个关键气象指标构建的综合预测模型 $Y=22.9212-0.3877X_1+0.0252X_2-0.1792X_3$（$r=0.940^*$，$n=7$，$r_{0.05}=0.878$，$r_{0.01}=0.959$）预测并验证已知年型，其中 2021 年荔枝单产大小年年型等级为大年，2019 和 2020 年荔枝单产大小年年型等级为小年。验证结果是合格率为 66.67%，说明模型预测结果不合格（表 15 - 4）。

表 15 - 4　东莞荔枝单产大小年年型等级预测结果

年份	Y	Y'	预测误差
2019	1	0.38	−0.62
2020	1	1.51	0.51
2021	5	3.63	−1.37

4. 多元回归预测模型关键气象指标范围　由于多元回归预测模型和验证验证均不合格，因此无法确定关键气象指标范围。

第四节　东莞荔枝单产大小年年型等级判别模型的建立

表 15 - 5 为已知 10 年的数据（大年 4 年、小年 6 年）。其中 2019、2020、2021 年作为验证年，不参与判别模型的构建。

表 15 - 5　东莞荔枝单产大小年年型等级判别分析结果

年份	X_1（℃）	X_2（h）	X_3（%）	Y	Y'
2010	24.25	129.34	72.15	5	大年
2011	24.46	113.24	62.05	5	大年
2012	24.96	108.93	76.70	1	非大年
2015	25.32	95.60	79.89	1	非大年
2016	26.34	98.35	80.94	1	非大年
2017	25.78	84.20	80.35	1	非大年
2018	24.47	188.10	72.61	5	大年
2019	26.06	94.80	82.77	1	非大年
2020	24.70	105.60	80.91	1	非大年
2021	24.55	124.64	72.09	5	大年

1. 多因素判别预测模型　判别模型构建方法：对已知年型 7 年的 3 个关键气象指标进行统计，得到：

①大年的 3 个关键气象指标同时满足以下 3 个条件：上一年 10 月平均温度＜24.6（℃）、当年 3 月日照时数累计＞110（h）、当年 3 月平均相对湿度＜73（%）。

②非大年的 3 个关键气象指标不能同时满足以下 3 个条件：上一年 10 月平均温度＜24.6（℃）、当年 3 月日照时数累计＞110（h）、当年 3 月平均相对湿度＜73（%）。

2. 多因素判别预测模型误差　应用表 15 - 5 中的 3 个判别条件判别：3 个调查为大年年型的判别结果正确，4 个调查为小年年型的判别结果为非大年年型，正确。

3. 多因素判别预测模型验证　应用表 15 - 5 中的 3 个判别条件判别：2021 年为大年，2019 年和 2020 年为非大年，判别结果正确。

4. 多因素判别预测模型关键气象指标范围　东莞荔枝单产大小年年型等级的关键气象指标范围：

①大年关键气象指标同时满足以下 3 个条件：上一年 10 月平均温度＜24.6（℃）、当年 3 月日照时数累计＞110（h）、当年 3 月平均相对湿度＜73（%）。

②非大年关键气象指标不能同时满足以下 3 个条件：上一年 10 月平均温度＜24.6（℃）、当年 3 月日照时数累计＞110（h）、当年 3 月平均相对湿度＜73（%）。

第五节　讨　　论

本案例中：

①X_1为"上一年 10 月平均温度"，此时荔枝处于末次秋梢生长期、老熟期，平均温度高时有利于植株营养生长，不利于养分的相对积累，对下一年单产的形成有负面影响[19,21,28]。

②X_2为"当年 3 月日照时数累计"，此时荔枝处于开花期、小果发育初期，日照时数多时有利于坐果[18-19]。

③X_3为"当年 3 月平均相对湿度"，此时荔枝处于开花期、小果发育初期，相对湿度适宜时有利于坐果。

④本案例基于 3 个关键气象指标建立的判别模型，只能判别出大年年型和非大年年型，非大年年型包括小年、偏小年、平年、偏大年，由于气象条件的交叉影响和历史数据的局限性，目前无法准确对非大年年型进一步判别。

第六节　结　　论

影响东莞荔枝单产大小年年型等级的关键气象指标有 3 个，即"上一年 10 月平均温度（X_1）"、"当年 3 月日照时数累计（X_2）"、"当年 3 月平均相对湿度（X_3）"。

得到东莞荔枝单产大小年年型等级判别预测模型：

①当 X_1＜24.6（℃）、X_2＞110（h）和 X_3＜73（%）3 个关键指标同时满足时即为大年。

②当 X_1＜24.6（℃）、X_2＞110（h）和 X_3＜73（%）3 个关键指标不能同时满足时即为非大年。

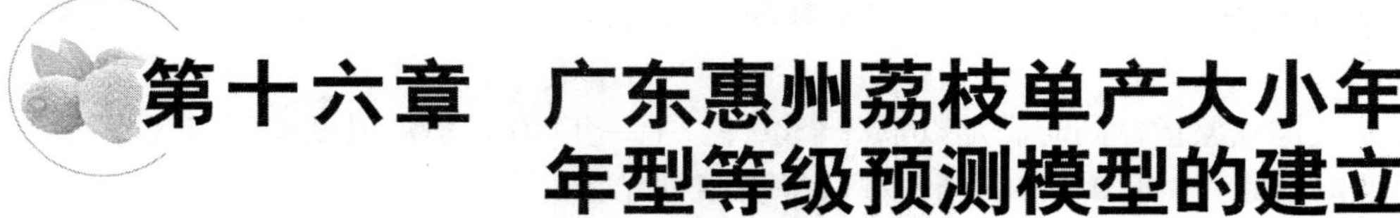

第十六章　广东惠州荔枝单产大小年年型等级预测模型的建立

第一节　影响惠州荔枝单产大小年年型等级的关键气象指标

对惠州荔枝单产大小年年型等级的关键气象指标筛选结果如表 16－1 所示，关键气象指标数据见表 16－2。

表 16－1　影响惠州荔枝单产大小年年型等级的关键气象指标

变量和单位	定义	与单产关系
X_1（h）	上一年 8 月 1～21 日每日日照时数的累计	正相关
X_2（%）	当年 4 月 1～30 日每日平均相对湿度的平均	负相关
X_3（℃）	当年 5 月 1～31 日每日最低温度的平均	正相关

表 16－2　影响惠州荔枝单产大小年年型等级气象指标的数据

年份	X_1（h）	X_2（%）	X_3（℃）	Y
2014	93.81	81.40	22.27	1
2015	126.00	74.64	23.89	5
2016	102.76	87.16	23.36	1
2017	80.68	78.87	22.43	1
2018	141.90	76.43	24.10	5
2019	83.10	88.70	22.35	1
2020	122.90	75.93	24.40	5
2021	86.43	72.02	24.99	5
2022	83.04	74.95	21.38	5

注：表中 Y 为荔枝当年实际单产大小年年型等级，共分为 5 级。1 为单产小年，5 为单产大年；合计 9 年，其中，2021、2022 年两年作为验证年，不参与建模。

第二节　惠州荔枝单产大小年年型等级与关键气象指标关系模型

对表 16－2 中影响惠州荔枝单产大小年年型等级的 3 个关键指标与惠州荔枝单产大小

年年型等级关系制作散点图，并配回归方程，结果见图 16－1、图 16－3。

图 16－1 说明，惠州市荔枝单产大小年年型等级与上一年 8 月 1～21 日每日日照时数的累计（X_1）呈显著正相关关系；荔枝单产大小年年型等级随着 X_1 的增加而增加；回归方程为 $Y=0.0838X_1-6.2800$（$r=0.865^*$，$n=7$，$r_{0.05}=0.754$，$r_{0.01}=0.875$）。

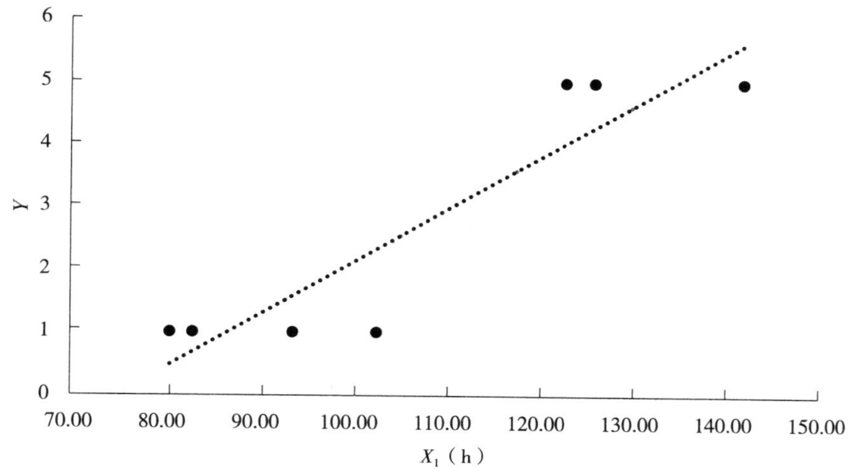

图 16－1　惠州荔枝单产大小年年型等级 Y 与 X_1 的关系

图 16－2 说明，惠州市荔枝单产大小年年型等级与当年 4 月 1～30 日每日平均相对湿度的平均（X_2）在 10%显著水平下呈负相关关系；荔枝单产大小年年型等级随着 X_2 的增加而降低；回归方程为 $Y=-0.3071X_2+27.4180$（$r=-0.752$，$n=7$，$r_{0.05}=0.754$，$r_{0.01}=0.875$）。

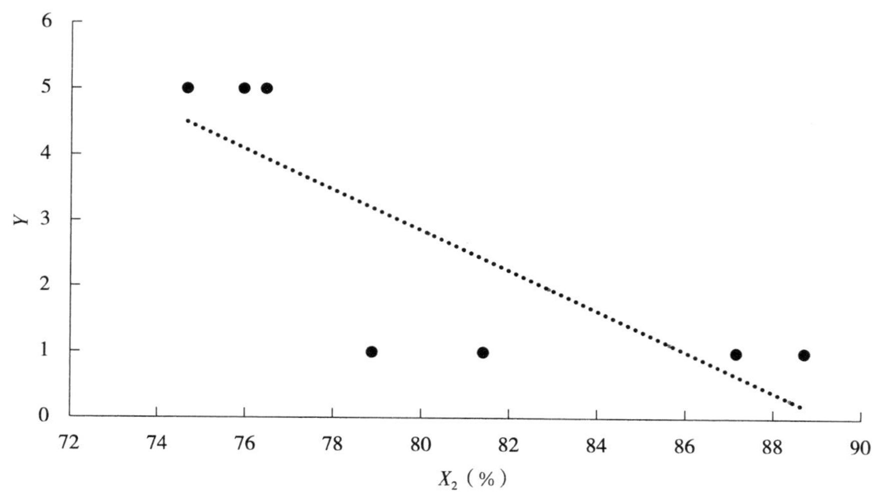

图 16－2　惠州荔枝单产大小年年型等级 Y 与 X_2 的关系

图 16－3 说明，惠州市荔枝单产大小年年型等级与当年 5 月 1～31 日每日最低温度的平均（X_3）呈显著正相关关系；荔枝单产大小年年型等级随着 X_3 的增加而增加；回归方程为 $Y=2.1329X_3-46.8910$（$r=0.846^*$，$n=7$，$r_{0.05}=0.754$，$r_{0.01}=0.875$）。

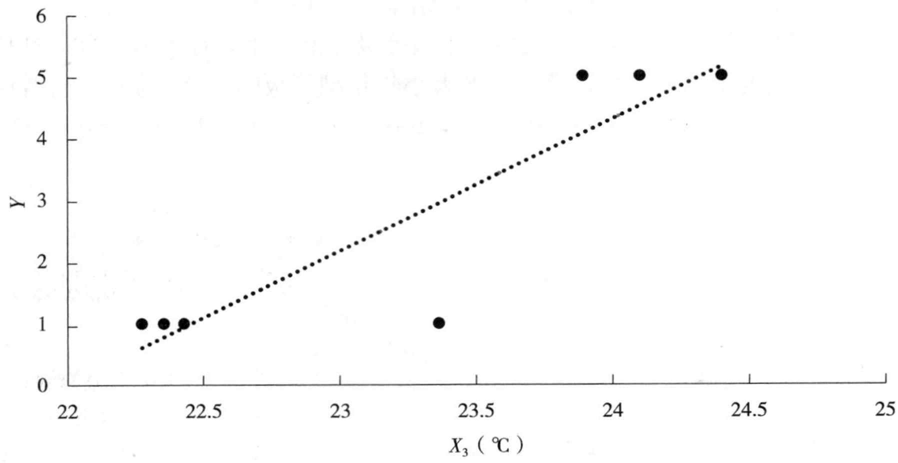

图 16-3　惠州荔枝单产大小年年型等级 Y 与 X_3 的关系

第三节　惠州荔枝单产大小年年型等级多元回归预测模型

1. 多元回归预测模型　基于表 16-2 中的 3 个关键气象指标，对惠州市 7 年已知荔枝单产大小年年型等级（Y）与表 16-2 中的 X_1、X_2、X_3 进行三元回归，得到 $Y = -10.6936 + 0.0327X_1 - 0.1291X_2 + 0.8720X_3$（$r = 0.965^{**}$，$n = 7$，$r_{0.05} = 0.878$，$r_{0.01} = 0.959$）。

2. 多元回归预测模型自回归误差　表 16-3 表明，模型自回归预测误差 7 年中有 7 年预测合格，在±1 个等级误差内的比例为 100.00%，预测模型合格。

表 16-3　惠州荔枝单产大小年年型等级预测模型自回归结果

年份	Y	Y'	预测误差
2014	1	1.29	0.29
2015	5	4.63	−0.37
2016	1	1.79	0.79
2017	1	1.32	0.32
2018	5	5.10	0.10
2019	1	0.07	−0.93
2020	5	4.81	−0.19

注：表中 Y 为荔枝当年实际单产大小年年型等级；Y' 为通过模型自回归预测的荔枝当年单产大小年年型等级；预测误差 $= Y' - Y$。

3. 多元回归预测模型验证　用基于表 16-2 的 3 个关键气象指标构建的综合预测模型 $Y = -10.6936 + 0.0327X_1 - 0.1291X_2 + 0.8720X_3$（$r = 0.965^{**}$，$n = 7$，$r_{0.05} = 0.878$，$r_{0.01} = 0.959$）预测并验证已知年型，其中 2021 和 2022 年荔枝单产大小年年型等级均为大年。验证结果是 2022 年型等级预测误差为 4.01 个等级，说明模型预测结果不能使用（表 16－4）。

表 16－4　惠州荔枝单产大小年年型等级预测结果

年份	Y	Y'	预测误差
2021	5	4.63	−0.37
2022	5	0.99	−4.01

4. 多元回归预测模型关键气象指标范围　由于多元回归预测模型和验证结果均不合格，因此无法确定关键气象指标范围。

第四节　惠州荔枝单产大小年年型等级判别模型的建立

表 16－5 为影响惠州市荔枝单产大小年年型等级关键气象指标的重新确定。表 16－6 为已知 9 年的数据（大年 5 年、小年 4 年）。其中 2021、2022 年作为验证年，不参与判别模型的构建。

表 16－5　影响惠州市荔枝单产大小年年型等级关键气象指标的重新确定

变量和单位	定义	与年型关系
X（%）	当年 4 月 1～30 日每日平均相对湿度的平均	负相关

表 16－6　惠州荔枝单产大小年年型等级判别分析结果

年份	X（%）	Y	Y'
2014	81.40	1	非大年
2015	74.64	5	大年
2016	87.16	1	非大年
2017	78.87	1	非大年
2018	76.43	5	大年
2019	88.70	1	非大年
2020	75.93	5	大年
2021	72.02	5	大年
2022	74.95	5	大年

1. 多因素判别预测模型　判别模型构建方法：对已知年型 7 年的关键气象指标进行统计，得到：

①大年的关键气象指标满足以下条件：当年 4 月 1～30 日每日平均相对湿度的平均≤76.43（%）。

②非大年的关键气象指标满足以下条件：当年 4 月 1～30 日每日平均相对湿度的平均>76.43（%）。

2. 多因素判别预测模型误差　应用表 16－6 中的判别条件判别：3 个调查为大年年型

的判别结果正确，4 个调查为小年年型的判别结果为非大年年型，正确。

3. 多因素判别预测模型验证 应用表 16-6 中的判别条件判别：2020 和 2021 年均为大年，判别结果正确。

4. 多因素判别预测模型关键气象指标范围 惠州荔枝单产大小年年型等级的关键气象指标范围：

①大年的关键气象指标满足以下条件：当年 4 月 1～30 日每日平均相对湿度的平均≤76.43（%）。

②非大年的关键气象指标满足以下条件：当年 4 月 1～30 日每日平均相对湿度的平均>76.43（%）。

第五节 讨 论

本案例中：

①X_1 为“上一年 8 月 1～21 日每日日照时数的累计”，此时荔枝处于枝梢生长期，日照时数多时，有利于单产的形成[21,24]。

②X_1为“当年 4 月 1～30 日每日平均相对湿度的平均”，此时荔枝处于小果发育初期，相对湿度高时，不利于单产的形成。

③X_1为“当年 5 月 1～31 日每日最低温度的平均”，此时荔枝处于果实迅速生长发育期、开始成熟期，温度高时，有利于单产的形成[26-28]。

④本案例基于关键气象指标建立的判别模型，只能判别出大年年型和非大年年型，非大年年型包括小年、偏小年、平年、偏大年，由于气象条件的交叉影响和历史数据的局限性，目前无法准确对非大年年型进一步判别。

第六节 结 论

影响惠州荔枝单产大小年年型等级的关键气象指标为“当年 4 月 1～30 日每日平均相对湿度的平均（X）”。

得到惠州荔枝单产大小年年型等级判别预测模型：

①当 $X_1 \leqslant 76.43\%$时即为大年。

②当 $X_1 > 76.43\%$时即为非大年。

第十七章　四川乐山荔枝单产大小年年型等级预测模型的建立

第一节　影响乐山荔枝单产大小年年型等级的关键气象指标

对乐山荔枝单产大小年年型等级的关键气象指标筛选结果如表 17－1 所示，关键气象指标数据见表 17－2。

表 17－1　影响乐山荔枝单产大小年年型等级的关键气象指标

变量和单位	定义	与年型关系
X_1（h）	当年 2 月 15～28（29）日每日日照时数的累计	负相关
X_2（℃）	当年 4 月 1～15 日每日最低气温的平均	正相关
X_3（h）	当年 5 月 15～31 日每日日照时数的累计	负相关

表 17－2　影响乐山荔枝单产大小年年型等级气象指标的数据

年份	X_1（h）	X_2（℃）	X_3（h）	Y
1999	32.00	14.85	46.00	5
2003	33.89	10.64	47.93	5
2005	37.16	10.35	54.49	5
2006	32.20	10.41	83.35	1
2007	60.70	13.05	71.60	1
2008	47.14	11.48	74.23	1
2009	37.86	10.28	62.14	5
2010	52.03	8.11	57.27	1
2011	38.83	10.09	77.93	1
2014	5.70	16.03	46.70	5
2015	30.92	11.33	61.34	5
2017	34.80	15.93	62.10	5
2018	50.00	15.23	46.80	1
2019	4.60	15.35	41.70	5

注：表中 Y 为荔枝当年实际单产大小年年型等级，共分为 5 级。1 为单产小年，5 为单产大年；合计 14 年。

第二节　乐山荔枝单产大小年年型等级与关键气象指标关系模型

对表 17－2 中影响乐山荔枝单产大小年年型等级的关键气象指标与乐山荔枝单产大小

年年型等级关系制作散点图，并配回归方程，结果见图 17-1、图 17-3。

图 17-1 说明，乐山市荔枝单产大小年年型等级与当年 2 月 15～28（29）日日照时数的累计（X_1）呈极显著负相关关系；荔枝单产大小年年型等级随着 X_1 的增加而减小；回归方程为 $Y=-0.0019X_1^2+0.0318X_1+5.0106$（$r=-0.708^{**}$，$n=14$，$r_{0.05}=0.532$，$r_{0.01}=0.661$）。

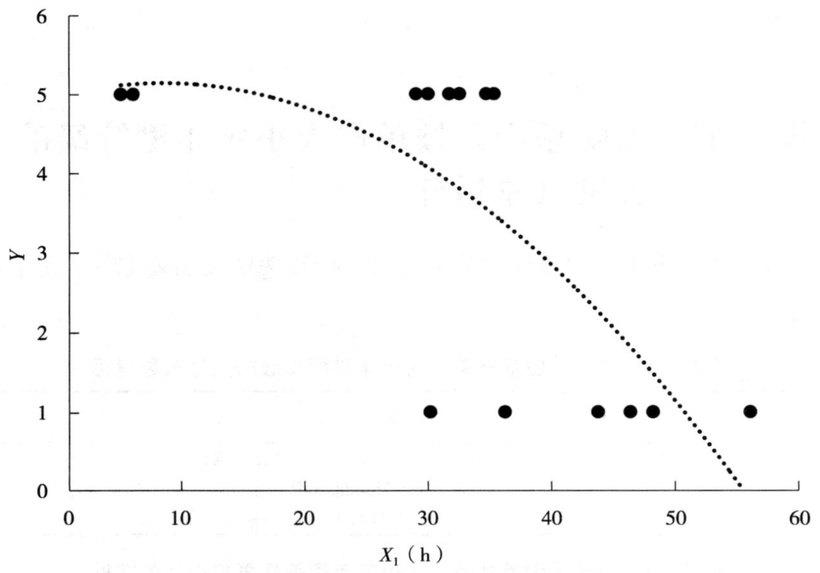

图 17-1　乐山市荔枝单产大小年年型等级 Y 与 X_1 的关系

图 17-2 说明，乐山荔枝单产大小年年型等级与当年 4 月 1～15 日最低气温（X_2）呈正相关关系；荔枝单产大小年年型等级随着 X_2 的增加而增加；回归方程为 $Y=-0.0053X_2^2+0.3923X_2-0.7188$（$r=0.332$，$n=14$，$r_{0.10}=0.458$，$r_{0.05}=0.532$，$r_{0.01}=0.661$）。

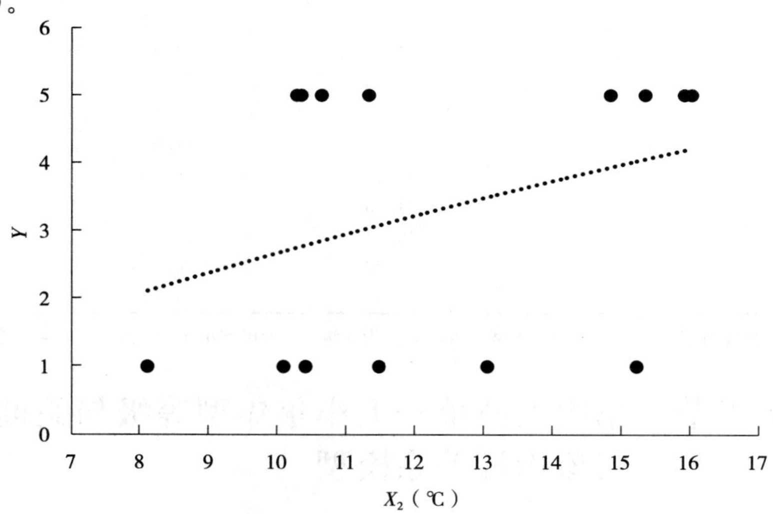

图 17-2　乐山荔枝单产大小年年型等级 Y 与 X_2 的关系

图 17－3 说明，乐山荔枝单产大小年年型等级与当年 5 月 15～31 日日照时数的累计（X_3）呈极显著负相关关系；荔枝单产大小年年型等级随着 X_3 的增加而减小；回归方程为 $Y=-0.0028X_3^2+0.0256X_3-1.4494$（$r=-0.644^{**}$，$n=14$，$r_{0.10}=0.458$，$r_{0.05}=0.532$，$r_{0.01}=0.661$）。

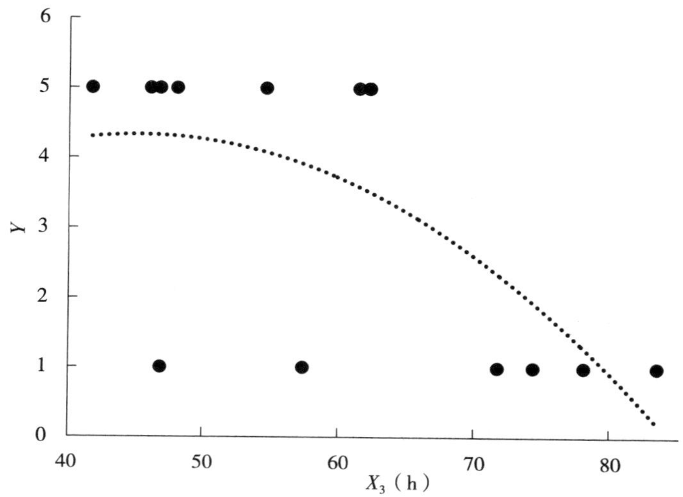

图 17－3　乐山荔枝单产大小年年型等级 Y 与 X_3 的关系

第三节　乐山荔枝单产大小年年型等级多元回归预测模型

1. 多元回归预测模型　基于表 17－2 中的 3 个关键指标构建预测模型：对乐山 14 年已知荔枝单产大小年年型等级（Y）与表 17－2 中的 X_1、X_2、X_3 进行三元回归，回归方程为 $Y=10.5765-0.0652X_1-0.0780X_2-0.0673X_3$（$r=0.743^{**}$，$n=14$，$r_{0.05}=0.576$，$r_{0.01}=0.708$）。

2. 多元回归预测模型自回归误差　表 17－3 表明，模型自回归预测误差 14 年中有 5 年预测合格，在±1 个等级误差内的比例为 35.71%，预测模型不合格。

表 17－3　乐山荔枝单产大小年年型等级预测模型自回归结果

年份	Y	Y'	预测误差
1999	5	4.24	−0.76
2003	5	4.31	−0.69
2005	5	3.68	−1.32
2006	1	2.06	1.06
2007	1	0.78	−0.22
2008	1	1.61	0.61
2009	5	3.12	−1.88
2010	1	2.70	1.70

（续）

年份	Y	Y'	预测误差
2011	1	2.01	1.01
2014	5	5.81	0.81
2015	5	3.55	−1.45
2017	5	2.89	−2.11
2018	1	2.98	1.98
2019	5	6.27	1.27

注：表中 Y 为荔枝当年实际单产大小年年型等级；Y'为通过模型自回归预测的荔枝当年单产大小年年型等级；预测误差$=Y'-Y$。

3. 多元回归预测模型验证 由于多元回归预测模型不合格，所以未进行模型验证。

4. 多元回归预测模型关键气象指标范围 由于多元回归预测模型不合格，所以无法确定关键气象指标范围。

第四节 乐山荔枝单产大小年年型等级判别模型的建立

将 2020、2021、2022 年荔枝单产大小年年型等级和对应表 17－2 的 3 个关键气象指标数据列入表 17－4，其中已知年型 17 年（大年 9 年、小年 8 年）。利用已知年型 14 年构造判别条件模型，利用 2020、2021、2022 年 3 年年型作为判别模型的验证。

1. 多因素判别预测模型 判别模型构建方法：对已知年型 14 年的 3 个关键气象指标进行统计，得到：

①大年的 3 个关键气象指标同时满足以下条件：当年 2 月 15～28（29）日每日日照时数的累计＜38.5（h）、4 月 1～15 日每日最低气温的平均＞10.25（℃）、5 月 15～31 日每日日照时数的累计＜71.6（h）。

②非大年的 3 个关键气象指标不能同时满足以下条件：当年 2 月 15～28（29）日每日日照时数的累计＜38.5（h）、4 月 1～15 日每日最低气温的平均＞10.25（℃）、5 月 15～31 日每日日照时数的累计＜71.6（h）。

2. 多因素判别预测模型误差 应用表 17－4 中的 3 个判别条件判别：8 个调查为大年年型的判别结果正确，6 个调查为非大年年型的判别结果为非大年年型，正确。

3. 多因素判别预测模型验证 应用表 17－4 中的 3 个判别条件判别：2022 年为大年年型，2020、2021 年为非大年年型，判别结果正确。

表 17－4 乐山荔枝单产大小年年型等级判别分析结果

年份	X_1（h）	X_2（℃）	X_3（h）	Y	Y'
1999	32.00	14.85	46.00	5	大年
2003	33.89	10.64	47.93	5	大年
2005	37.16	10.35	54.49	5	大年

（续）

年份	X_1（h）	X_2（℃）	X_3（h）	Y	Y'
2006	32.20	10.41	83.35	1	非大年
2007	60.70	13.05	71.60	1	非大年
2008	47.14	11.48	74.23	1	非大年
2009	37.86	10.28	62.14	5	大年
2010	52.03	8.11	57.27	1	非大年
2011	38.83	10.09	77.93	1	非大年
2014	5.70	16.03	46.70	5	大年
2015	30.92	11.33	61.34	5	大年
2017	34.80	15.93	62.10	5	大年
2018	50.00	15.23	46.80	1	非大年
2019	4.60	15.35	41.70	5	大年
2020	43.38	9.11	73.82	1	非大年
2021	37.00	10.25	51.19	1	非大年
2022	38.45	10.38	48.93	5	大年

4. 多因素判别预测模型关键气象指标范围　乐山荔枝单产大小年年型等级的关键气象指标范围：

①大年的3个关键气象指标同时满足以下条件：当年2月15～28（29）日每日日照时数的累计<38.5（h）、4月1～15日每日最低气温的平均>10.25（℃）、5月15～31日每日日照时数的累计<71.6（h）。

②非大年的3个关键气象指标不能同时满足以下条件：当年2月15～28（29）日每日日照时数的累计<38.5（h）、4月1～15日每日最低气温的平均>10.25（℃）、5月15～31日每日日照时数的累计<71.6（h）。

第五节　讨　　论

本案例中：

①X_1为“当年2月15～28（29）日每日日照时数的累计”，此时荔枝处于花穗生长、现蕾期，日照时数多时不利于花芽分化，影响单产的形成[18]。

②X_2为“4月1～15日每日最低气温的平均”，此时荔枝处于小果发育初期，温度高时有利于高产[19-20,28]。

③X_3为“5月15～31日每日日照时数的累计”，此时荔枝处于果实迅速生长发育期、开始成熟期，日照时数过多时不利于高产。

④本案例基于2个关键气象指标建立的判别模型，只能判别出大年年型和非大年年型，非大年年型包括小年、偏小年、平年、偏大年，由于气象条件的交叉影响和历史数据的局限性，目前无法准确对非大年年型的进一步判别。

第六节 结 论

影响乐山荔枝单产大小年年型等级的关键气象指标有 3 个，即“当年 2 月 15～28（29）日每日日照时数的累计”、“4 月 1～15 日每日最低气温的平均”、“5 月 15～31 日每日日照时数的累计”。

得到乐山荔枝单产大小年年型等级判别预测模型：

①当 $X_1<38.5$（h）、$X_2>10.25$（℃）、$X_3<71.6$（h）3 个关键指标同时满足时即为大年。

②当 $X_1<38.5$（h）、$X_2>10.25$（℃）、$X_3<71.6$（h）3 个关键指标不能同时满足时即为非大年。

第十八章 四川宜宾荔枝单产大小年年型等级预测模型的建立

第一节 影响宜宾荔枝单产大小年年型等级的关键气象指标

对宜宾荔枝单产大小年年型等级的关键气象指标筛选结果如表 18－1 所示，关键气象指标数据见表 18－2。

表 18－1 影响宜宾荔枝单产大小年等级的关键气象指标

变量和单位	定义	与单产关系
X_1（%）	上一年 9 月 16～28 日每日平均相对湿度的平均	正相关
X_2（h）	当年 4 月 1～15 日日照时数累计	正相关

表 18－2 影响宜宾荔枝单产大小年等级的关键气象指标数据

年份	X_1（%）	X_2（h）	Y
1999	81.14	54.40	4
2002	84.77	73.11	5
2003	76.32	45.38	1
2004	74.14	52.20	1
2006	78.38	62.46	2
2007	79.59	42.60	1
2008	76.08	49.30	1
2009	81.39	57.99	4
2010	75.05	42.67	1
2011	79.58	36.19	1
2012	81.55	60.32	5
2013	86.78	56.54	5
2014	79.05	37.80	1
2015	83.31	63.30	5
2017	88.24	59.63	5
2018	83.13	83.30	5
2019	92.69	59.60	5

注：表中 Y 为荔枝当年实际单产大小年等级，共分为 5 级。1 为单产小年，5 为单产大年；合计 17 年。

第二节　宜宾荔枝单产大小年年型等级与关键气象指标关系模型

对表 18 - 2 中影响宜宾荔枝单产大小年等级的两个关键指标与宜宾荔枝单产大小年等级关系制作散点图，并配回归方程，结果见图 18 - 1、图 18 - 2。

图 18 - 1 说明，宜宾荔枝单产大小年等级与上一年 9 月 16～28 日每日平均相对湿度的平均（X_1）呈极显著正相关关系；荔枝单产大小年等级随着 X_1 的增加而增加；回归方程为 $Y=-0.017\ 9X_1^2+3.273\ 8X_1-144.680\ 0$（$r=0.864^{**}$，$n=17$，$r_{0.05}=0.482$，$r_{0.01}=0.606$）。

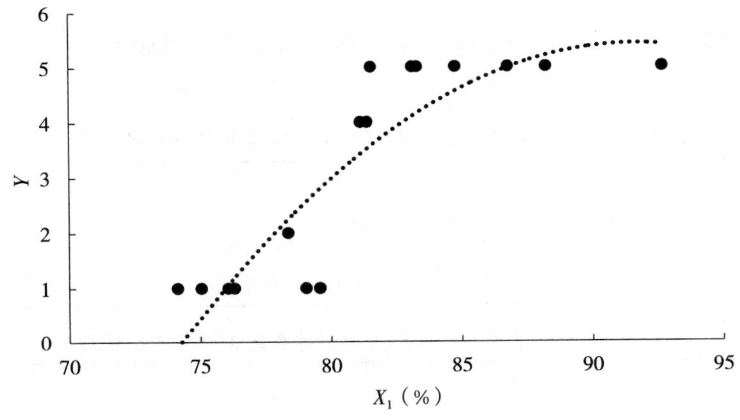

图 18 - 1　宜宾荔枝单产大小年等级 Y 与 X_1 的关系

图 18 - 2 说明，宜宾荔枝单产大小年等级与当年 4 月 1 日～15 日日照时数累计（X_2）呈极显著正相关关系；荔枝单产大小年等级随着 X_2 的增加而增加；回归方程为 $Y=-0.002\ 3X_2^2+0.387\ 8X_2-10.970\ 0$（$r=0.813^{**}$，$n=17$，$r_{0.05}=0.482$，$r_{0.01}=0.606$）。

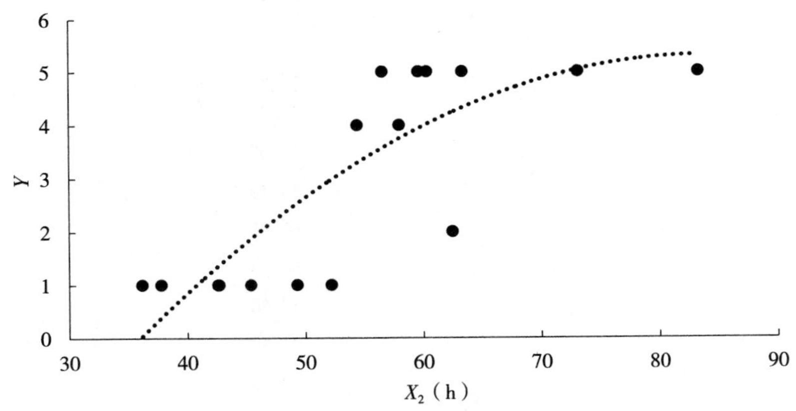

图 18 - 2　宜宾荔枝单产大小年等级 Y 与 X_2 的关系

第三节　宜宾荔枝单产大小年年型等级多元回归预测模型

1. 多元回归预测模型　宜宾荔枝单产大小年等级综合预测模型：对宜宾 17 年已知荔枝单产大小年年型等级（Y）与表 18－2 中的 X_1、X_2 进行二元回归，得到 $Y=-19.5141+0.2252X_1+0.0775X_2$（$r=0.928^{**}$，$n=17$，$r_{0.05}=0.497$，$r_{0.01}=0.623$）。

2. 多元回归预测模型自回归误差　表 18－3 表明，模型自回归预测误差 17 年中有 15 年预测合格，在±1 个等级误差内的比例为 88.23%，预测模型合格。

表 18－3　宜宾荔枝单产大小年等级预测模型自回归结果

年份	Y	Y'	误差
1999	4	2.98	－1.02
2002	5	5.25	0.25
2003	1	1.20	0.20
2004	1	1.23	0.23
2006	2	2.98	0.98
2007	1	1.72	0.72
2008	1	1.44	0.44
2009	4	3.31	－0.69
2010	1	0.70	－0.30
2011	1	1.22	0.22
2012	5	3.53	－1.47
2013	5	4.42	－0.58
2014	1	1.22	0.22
2015	5	4.16	－0.84
2017	5	4.98	－0.02
2018	5	5.67	0.67
2019	5	5.98	0.98

注：表中 Y 为荔枝当年实际单产大小年等级；Y' 为通过模型自回归预测的荔枝当年实际单产大小年等级；预测误差$=Y'-Y$。

3. 多元回归预测模型验证　用基于表 18－2 的两个关键指标构建的综合预测模型 $Y=-19.5141+0.2252X_1+0.0775X_2$（$r=0.928^{**}$，$n=17$，$r_{0.05}=0.497$，$r_{0.01}=0.623$）预测并验证已知年型，其中 2020、2021、2022 年荔枝单产大小年等级分别为大年、小年、大年。验证结果是年型等级预测误差均不合格，说明模型预测结果不能使用（表 18－4）。

表 18－4　宜宾荔枝单产大小年登记预测结果

年份	Y	Y'	预测误差
2020	5	2.79	－2.21
2021	1	3.07	2.07
2022	5	3.08	－1.92

4. 多元回归预测模型关键气象指标范围 多元回归预测模型合格，但是验证结果不合格，因此无法确定关键气象指标范围。

第四节 宜宾荔枝单产大小年年型等级判别模型的建立

将验证年2020、2021、2022年荔枝单产大小年等级和对应表18-2的两个关键指标数据列入表18-5，已知大年和偏大年11年、小年和偏小年9年。

1. 多因素判别预测模型 判别模型构建方法：对已知年型17年的两个关键气象指标进行统计，得到：

①大年的3个关键气象指标同时满足：上一年9月16～28日每日平均相对湿度的平均>79.0（%）、当年4月1～15日日照时数累计>50.0（h）。

②非大年的3个关键气象指标不能同时满足：上一年9月16～28日每日平均相对湿度的平均>79.0（%）、当年4月1～15日日照时数累计>50.0（h）。

2. 多因素判别预测模型误差 应用表18-5中的2个判别条件判别：9个调查为大年和偏大年年型的判别结果正确，8个调查为非大年和非偏大年年型的判别结果为非大年和非偏大年年型，正确。

3. 多因素判别预测模型验证 应用表18-5中的2个判别条件判别：2020和2022年均为大年、2021年为非大年，判别结果正确。

表18-5 宜宾荔枝单产预测模型判别分析结果

年份	X_1（%）	X_2（h）	Y	Y'
1999	81.14	54.40	4	大年
2002	84.77	73.11	5	大年
2003	76.32	45.38	1	非大年
2004	74.14	52.20	1	非大年
2006	78.38	62.46	2	非大年
2007	79.59	42.60	1	非大年
2008	76.08	49.30	1	非大年
2009	81.39	57.99	4	大年
2010	75.05	42.67	1	非大年
2011	79.58	36.19	1	非大年
2012	81.55	60.32	5	大年
2013	86.78	56.54	5	大年
2014	79.05	37.80	1	非大年
2015	83.31	63.30	5	大年
2017	88.24	59.63	5	大年
2018	83.13	83.30	5	大年

（续）

年份	X_1（%）	X_2（h）	Y	Y'
2019	92.69	59.60	5	大年
2020	81.62	50.60	5	大年
2021	89.58	31.08	1	非大年
2022	79.13	61.58	5	大年

4. 多因素判别预测模型关键气象指标范围　表 18－6 为宜宾 20 年中的大年和非大年的关键气象指标范围。

表 18－6　宜宾荔枝最佳气象指标范围

指标	大年和偏大年（n=11）	非大年和非偏大年（n=9）
X_1（%）	>79.0	≤79
X_2（h）	>50.0	≤50.0

第五节　讨　　论

本案例中：

①X_1为“上一年 9 月 16～28 日每日平均相对湿度的平均”，此时荔枝处于枝梢生长期，在相对干燥的季节，相对湿度高时有利于植株营养生长积累养分，对下一年单产的形成有利[21]。

②X_2为“当年 4 月 1～15 日日照时数累计”，此时荔枝处于小果发育初期，日照时数多时有利于高产[20-21]。

③本案例基于 2 个关键气象指标建立的判别模型，只能判别出大年和偏大年年型，非大年和非偏大年年型包括小年、偏小年、平年，由于气象条件的交叉影响和历史数据的局限性，目前无法准确对非大年和非偏大年年型进一步判别。

第六节　结　　论

影响宜宾荔枝单产大小年年型等级的关键气象指标有两个，即“上一年 9 月 16～28 日每日平均相对湿度的平均（X_1）”和“当年 4 月 1～15 日日照时数累计（X_2）”。

得到宜宾荔枝单产大小年年型等级判别预测模型：

①当 X_1>79.0（%）、X_2>50.0（h）两个关键指标同时满足时即为大年和偏大年。

②当 X_1>79.0（%）、X_2>50.0（h）两个关键指标不能同时满足时即为非大年和非偏大年。

第十九章 福建宁德荔枝单产大小年年型等级预测模型的建立

第一节 影响宁德荔枝单产大小年年型等级的关键气象指标

对宁德荔枝单产大小年年型等级的关键气象指标筛选结果如表 19-1 所示，关键气象指标数据见表 19-2。

表 19-1 影响宁德荔枝单产大小年年型等级的关键气象指标

变量和单位	定义	与单产关系
X_1（%）	上一年 11 月平均相对湿度	负相关
X_2（%）	上一年 12 月 27 日至当年 1 月 31 日平均相对湿度	负相关

表 19-2 影响宁德荔枝单产大小年年型等级气象指标的数据

年份	X_1（%）	X_2（%）	Y
2002	67.69	72.53	5
2004	74.20	72.97	5
2006	78.04	79.61	1
2008	63.73	76.12	5
2009	70.29	68.07	5
2011	75.65	68.57	5
2012	81.47	83.52	1
2014	73.80	64.72	5
2015	74.40	70.01	5
2016	84.19	80.98	1
2020	67.50	76.99	5
2021	74.92	67.47	5
2022	76.90	79.89	2

注：表中 Y 为荔枝当年实际单产大小年年型等级，共分为 5 级。1 为单产小年，5 为单产大年；合计 13 年，其中，2020、2021、2022 年 3 年作为验证年，不参与建模。

第二节　宁德荔枝单产大小年年型等级与关键气象指标关系模型

对表 19－2 中影响宁德荔枝单产大小年年型等级的两个关键指标与宁德荔枝单产大小年年型等级关系制作散点图，并配回归方程，结果见图 19－1、图 19－2。

图 19－1 说明，宁德荔枝单产大小年年型等级 Y 与上一年 11 月平均相对湿度（X_1）呈极显著负相关关系；宁德荔枝单产大小年年型等级 Y 随着 X_1 的增加而降低；回归方程为 $Y=-0.0184X_1^2+2.4787X_1-78.2160$（$r=-0.872^{**}$，$n=10$，$r_{0.05}=0.632$，$r_{0.01}=0.765$）。

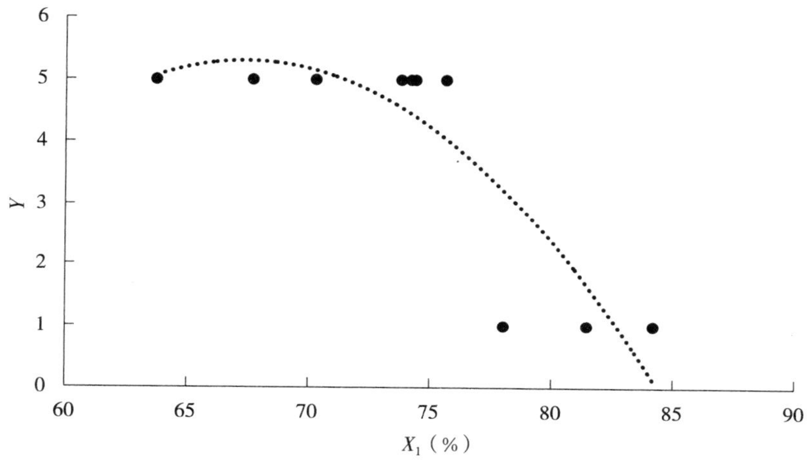

图 19－1　宁德荔枝单产大小年年型等级 Y 与 X_1 的关系

图 19－2 说明，宁德荔枝单产大小年年型等级 Y 与上一年 12 月 27 日至当年 1 月 31 日平均相对湿度（X_2）呈极显著负相关关系；宁德荔枝单产大小年年型等级 Y 随着 X_2

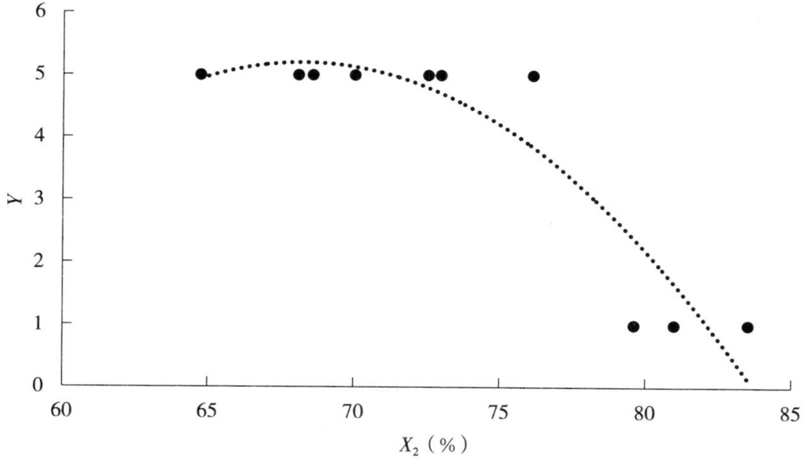

图 19－2　宁德荔枝单产大小年年型等级 Y 与 X_2 的关系

的增加而降低；回归方程为$Y=-0.0217X_2^2+2.9576X_2-95.6720$（$r=-0.927^{**}$，$n=10$，$r_{0.05}=0.632$，$r_{0.01}=0.765$）。

第三节　宁德荔枝单产大小年年型等级多元回归预测模型

1. 多元回归预测模型　基于表 19-2 中的两个关键气象指标，对宁德 10 年已知荔枝单产大小年年型等级 Y 与表 19-2 中的 X_1 和 X_2 进行二元回归，得到 $Y=29.2402-0.1490X_1-0.1948X_2$（$r=0.948^{**}$，$n=10$，$r_{0.05}=0.666$，$r_{0.01}=0.798$）。

2. 多元回归预测模型自回归误差　表 19-3 表明，模型自回归预测误差 10 年中有 8 年预测合格，在±1 个等级误差内的比例为 80.00%，预测模型合格。

表 19-3　宁德荔枝单产大小年年型等级预测模型自回归结果

年份	Y	Y'	预测误差
2002	5	5.02	0.02
2004	5	3.97	−1.03
2006	1	2.10	1.10
2008	5	4.91	−0.09
2009	5	5.50	0.50
2011	5	4.61	−0.39
2012	1	0.83	−0.17
2014	5	5.63	0.63
2015	5	4.51	−0.49
2016	1	0.92	−0.08

注：表中 Y 为荔枝当年实际单产大小年年型等级；Y' 为通过模型自回归预测的荔枝当年单产大小年年型等级；预测误差$=Y'-Y$。

3. 多元回归预测模型验证　用基于表 19-2 的两个关键气象指标构建的综合预测模型 $Y=29.2402-0.1490X_1-0.1948X_2$（$r=0.948^{**}$，$n=10$，$r_{0.05}=0.666$，$r_{0.01}=0.798$）预测并验证已知年型，其中 2020 和 2021 年荔枝单产大小年年型等级均为大年，2022 年荔枝单产大小年年型等级为偏小年。验证结果年型等级预测误差合格，说明模型预测结果合格（表 19-4）。

表 19-4　宁德荔枝单产大小年年型等级预测结果

年份	Y	Y'	预测误差
2020	5	4.18	−0.82
2021	5	4.93	−0.07
2022	2	2.22	0.22

4. 多元回归预测模型关键气象指标范围　表 19-5 为宁德荔枝单产大小年年型等级的多元回归预测模型的关键气象指标范围。

表 19-5　宁德荔枝单产大小年年型等级的关键气象指标范围

指标	大年（n=9）	小年（n=3）
X_1（%）	≤76	>76
X_2（%）	≤78	>78

第四节　宁德荔枝单产大小年年型等级判别模型的建立

表 19-6 为 33 年的数据，其中已知年型 13 年（大年 9 年、小年 3 年、偏小年 1 年）、未知年型 20 年。其中 2020、2021、2022 年作为验证年，不参与判别模型的构建。

表 19-6　宁德荔枝单产大小年年型等级判别分析结果

年份	X_1（%）	X_2（%）	Y	Y'
2002	67.69	72.53	5	大年
2004	74.20	72.97	5	大年
2006	78.04	79.61	1	小年
2008	63.73	76.12	5	大年
2009	70.29	68.07	5	大年
2011	75.65	68.57	5	大年
2012	81.47	83.52	1	小年
2014	73.80	64.72	5	大年
2015	74.40	70.01	5	大年
2016	84.19	80.98	1	小年
2020	67.50	76.99	5	大年
2021	74.92	67.47	5	大年
2022	76.90	79.89	2	其他年

1. 多因素判别预测模型　判别模型构建方法：对已知年型 10 年的 2 个关键气象指标进行统计，得到：

①大年的 2 个关键气象指标同时满足以下 2 个条件：上一年 11 月平均相对湿度<76（%）、上一年 12 月 27 日至当年 1 月 31 日平均相对湿度<78（%）。

②小年的 2 个关键气象指标同时满足以下 2 个条件：上一年 11 月平均相对湿度≥76（%）、上一年 12 月 27 日至当年 1 月 31 日平均相对湿度≥78（%）。

③其他年型等级的判别：2 个关键气象指标不能全部满足的情况。

2. 多因素判别预测模型误差　应用表 19-6 中的 2 个判别条件判别：7 个大年和 3 个小年全部正确。

3. 多因素判别预测模型验证　应用表 19-6 中的 2 个判别条件判别：2020 和 2021 年均为大年，2022 年为偏小年，正确。其中 2022 年的 X_1 为 76.9%，X_2 为 79.89%，均略高于大年的 2 个关键气象指标，而 2022 年实际年型为偏小年的 2 年型等级，所以判别结果基本正确。

4. 多因素判别预测模型关键气象指标范围 宁德荔枝单产大小年年型等级的关键气象指标范围见表 19 - 5。

第五节 讨 论

本案例中：

①X_1 为上一年 11 月平均相对湿度（%），此时荔枝处于末次秋梢老熟期，相对湿度大时有利于植株的旺盛生长，不利于养分的相对积累，对下一年单产形成有负面影响[21]。

②X_2 为上一年 12 月 27 日至当年 1 月 31 日平均相对湿度（%），此时荔枝处于花芽分化期和花芽开始萌发生长期，相对湿度大时不利于花芽分化，高湿度是造成小年的主要原因[18,25]。

第六节 结 论

影响宁德荔枝单产大小年年型等级的关键气象指标有两个，即“上一年 11 月平均相对湿度（X_2）”、“上一年 12 月 27 日至当年 1 月 31 日平均相对湿度（X_4）”。

得到宁德荔枝单产大小年年型等级判别预测模型：

①当 $X_1 \leqslant 76\%$ 和 $X_2 \leqslant 78\%$ 同时满足时即为大年。

②当 $X_1 > 76\%$ 和 $X_2 > 78\%$ 同时满足时即为小年。

③当 X_1 和 X_2 不能同时满足以上两种情况时，即为非大非小年，包括 2 或 3 或 4 年型等级。

第二十章　综合研究

由于18个案例研究中大年和小年多数情况下并非间隔出现，所以土壤养分供应并非造成大年和小年现象出现的主要原因；常常小年连续出现和大年有时连续出现，说明气象条件是荔枝单产大小年现象形成的主要影响因素。为此，本书不讨论荔枝大小年年型与土壤养分供应的关系。

第一节　多元回归预测模型和判别预测模型的异同点

多元回归预测模型和判别预测模型是两种预测模型方法，使用的关键气象指标相同，多元回归预测模型可以给出数字化年型，判别预测模型只能给出确定性年型，前者属于定量预测，后者属于半定量预测，两种预测方法可以互相验证。对于固定的案例可以优选1种或2种同时使用。

一般地，多元回归预测模型建模样本比较少（比如10年以内），因变量（Y）的档次较少（比如只有1和5两个档次）时，多元回归预测模型的精度较低，原因是样本少时包括的可能出现的气象年型少，预测时如果出现建模时未包括的气象年型，预测的误差就比较大，而建模时只有1和5两个等级，使得函数不平滑，预测时也容易出现较大的误差。

一般地，判别预测模型建模样本比较少（比如10年以内），因变量（Y）的档次较少（比如只有1和5两个档次）时，判别模型预测精度高低取决于大年和小年的关键气象指标范围是否重叠，如果不重叠，模型预测的精度就较高；反之就较低。

一般地，多元回归预测模型的精度较高时，判别预测模型的精度也较高，而多元回归预测模型的精度不高时，判别预测模型的精度未必不高，所以，针对年型少和因变量档次少的情况，判别预测模型一般优于多元回归预测模型。

第二节　关键气象指标重要性分析

以广东妃子笑荔枝为例的物候期：花芽开始萌发生长期（1月；小寒、大寒）；花穗生长、现蕾期（2月；立春、雨水）；开花期、小果发育初期（3月；惊蛰、春分）；小果发育初期（4月；清明、谷雨）；果实迅速生长发育期、开始成熟期（5月；立夏、小满）；果实成熟期、采后新梢萌发生长期（6月；芒种、夏至）；采后至枝梢生长期（7月；小暑、大暑）；枝梢生长期（8月；立秋、处暑）；枝梢生长期（9月；白露、秋分）；末次秋梢生长期、老熟期（10月；寒露、霜降）；末次秋梢老熟期（11月；立冬、小雪）；花芽分化期（12月；大雪、冬至）[39]。其他地区荔枝和不同品种荔枝的物候期基本一致，早熟品种物候期提前，晚熟品种物候期滞后。

表 20－1 是 18 个案例的汇总结果。基于表 20－1 统计结果见表 20－2、表 20－3、表 20－4、表 20－5，其中，关键气象指标中，湿度指标 13 个（上一年 8 个，当年 5 个）、日照时数指标 11 个（上一年 5 个，当年 6 个）、温度指标 11（上一年 4 个，当年 7 个）、降水量指标 3 个（上一年 3 个），对大小年影响程度顺序为：湿度、日照时数、温度、降水量。

表 20－1　荔枝单产大小年年型等级预测模型研究结果汇总

案例名称	广西合浦
关键指标（r）	X（℃）：当年 1 月 1 日至当年 2 月 10 日每日最低温度的平均（r＝－0.785**）
多元回归模型指标	大年、偏大年和平年：（X）＜12.3℃ 平年、偏小年和小年：（X）≥12.3℃
判别模型指标	大年、偏大年和平年：（X）＜12.3℃ 平年、偏小年和小年：（X）≥12.3℃
案例名称	广西灵山
关键指标（r）	X_1（℃）：上一年 12 月 1～31 日每日最低温度的平均（r＝－0.880**） X_2（%）：上一年 12 月 1～31 日每日平均相对湿度的平均（r＝－0.807**）
多元回归模型指标	大年、偏大年：同时满足 7.65（℃）≤X_1≤11.14（℃）和 62.58（%）≤X_2＜74.06（%） 平年、偏小年、小年：不能同时满足 7.65（℃）≤X_1≤11.14（℃）和 62.58（%）≤X_2＜74.06（%）
判别模型指标	大年、偏大年：同时满足 7.65（℃）≤X_1≤11.14（℃）和 62.58（%）≤X_2＜74.06（%） 平年、偏小年、小年：不能同时满足 7.65（℃）≤X_1≤11.14（℃）和 62.58（%）≤X_2＜74.06（%）
案例名称	广西浦北
关键指标（r）	X（h）：上一年 10 月 1～31 日每日日照时数的累计（r＝0.937**）
多元回归模型指标	大年、偏大年：X＞190（h） 平年、偏小年、小年：X≤190（h）
判别模型指标	大年、偏大年：X＞190（h） 平年、偏小年、小年：X≤190（h）
案例名称	广西钦北
关键指标（r）	X_1（%）：上一年 12 月 1～31 日每日平均相对湿度的平均（－r＝0.890**） X_2（℃）：上一年 12 月 1～31 日每日最低温度的平均（r＝－0.733**）
多元回归模型指标	大年、偏大年：同时满足 X_1＜69.0%和 X_2＜14.0℃ 平年、偏小年和小年：不能同时满足 X_1＜69.0%和 X_2＜14.0℃
判别模型指标	大年、偏大年：同时满足 X_1＜69.0%和 X_2＜14.0℃ 平年、偏小年和小年：不能同时满足 X_1＜69.0%和 X_2＜14.0℃
案例名称	广西北流
关键指标（r）	X_1（h）：当年 1 月 1～15 日每日日照时数的累积（r＝0.617*） X_2（℃）：当年 5 月 22 日至 6 月 30 日每日最低温度的平均（r＝0907**）
多元回归模型指标	大年、偏大年：同时满足 31.6（h）≤X_1≤59.4（h）和 25.33（℃）≤X_2＜25.86（℃） 平年、偏小年和小年：不能同时满足 31.6（h）≤X_1≤59.4（h）和 25.33（℃）≤X_2＜25.86（℃）
判别模型指标	大年、偏大年：同时满足 31.6（h）≤X_1≤59.4（h）和 25.33（℃）≤X_2＜25.86（℃） 平年、偏小年和小年：不能同时满足 31.6（h）≤X_1≤59.4（h）和 25.33（℃）≤X_2＜25.86（℃）

（续）

案例名称	广西藤县
关键指标（r）	X（℃）：当年5月1～31日日最低气温（r=0.930**）
多元回归模型指标	大年、偏大年：$X>23.0$（℃） 平年、偏小年、小年：$X\leqslant 23.0$（℃）
判别模型指标	大年、偏大年：$X>23.0$（℃） 平年、偏小年、小年：$X\leqslant 23.0$（℃）
案例名称	广西桂平
关键指标（r）	X_1（℃）：上一年9月21日至10月31日每日最低温度的平均（r=−0.823**） X_2（%）：上一年10月22日至11月30日每日最小相对湿度的平均（r=−0.291） X_3（℃）：当年2月1日至3月5日每日最低温度的平均（r=−0.810**）
多元回归模型指标	大年：同时满足$X_1<22.0$℃、$X_2<57.0\%$和$X_3<12.5$℃ 偏大年、平年、偏小年、小年：不能同时满足$X_1<22.0$℃、$X_2<57.0\%$和$X_3<12.5$℃
判别模型指标	大年：同时满足$X_1<22.0$℃、$X_2<57.0\%$和$X_3<12.5$℃ 偏大年、平年、偏小年、小年：不能同时满足$X_1<22.0$℃、$X_2<57.0\%$和$X_3<12.5$℃
案例名称	海南秀英
关键指标（r）	X_1（h）：上一年8月1～15日日照时数的累计（r=−0.697**） X_2（℃）：当年2月10～28（或29）日平均气温（r=0.473）
多元回归模型指标	模型不合格
判别模型指标	大年：同时满足$X_1<79\%$和$X_2>19$ 偏大年、平年、偏小年、小年：不能同时满足$X_1<79\%$和$X_2>19$
案例名称	海南琼山
关键指标（r）	X_1（h）：上一年12月27日至当年1月31日日照时数的累积（r=0.740**） X_2（%）：1月16～31日最小相对湿度的平均（r=0.626*）
多元回归模型指标	模型不合格
判别模型指标	大年：同时满足45.0（h）$\leqslant X_1\leqslant$90.0（h）和65.5（%）$\leqslant X_2<$75.0（%） 偏大年、平年、偏小年、小年：不能同时满足45.0（h）$\leqslant X_1\leqslant$90.0（h）和65.5（%）$\leqslant X_2<$75.0（%）
案例名称	海南澄迈
关键指标（r）	X_1（h）：上一年8月1～15日每日日照时数的累计（r=−0.500） X_2（mm）：上一年9月16～30日每日降水量的累计（r=0.590*） X_3（%）：上一年10月11～26日每日相对湿度的平均（r=0.700**） X_4（h）：当年4月1～15日每日日照时数的累计（r=0.470）
多元回归模型指标	模型不合格
判别模型指标	大年：同时满足$X_1<85.0$h、$X_2>70.0$mm、$X_3>78.0\%$和$X_4>75.0$h 偏大年、平年、偏小年、小年：不能同时满足$X_1<85.0$h、$X_2>70.0$mm、$X_3>78.0\%$和$X_4>75.0$h
案例名称	海南陵水
关键指标（r）	X_1（mm）：上一年8月上旬每日降水量的累计（r=−0.16） X_2（mm）：上一年9月下旬每日降水量的累计（r=−0.322） X_3（%）：上一年10月上旬每日相对湿度的平均（r=−0.071）
多元回归模型指标	模型不合格
判别模型指标	大年：同时满足$X_1<165$（mm）、$X_2<300$（mm）、$X_3<86.0$（%） 小年：不能同时满足$X_1<165$（mm）、$X_2<300$（mm）、$X_3<86.0$（%）

（续）

案例名称	海南儋州
关键指标（r）	X_1（h）：上一年 10 月 1 日至 11 月 30 日每日日照时数的累积（r=−0.925**） X_2（%）：上一年 12 月 1 日至当年 1 月 5 日每日最小相对湿度的平均（r=−0.435*）
多元回归模型指标	大年、偏大年：同时满足 $X_1<285.0$（h）和 $X_2<70.00$（%） 平年、偏小年、小年：不能同时满足 $X_1<285.0$（h）和 $X_2<70.00$（%）
判别模型指标	大年、偏大年：同时满足 $X_1<285.0$（h）和 $X_2<70.00$（%） 平年、偏小年、小年：不能同时满足 $X_1<285.0$（h）和 $X_2<70.00$（%）
案例名称	广东深圳
关键指标（r）	X_1（%）：上一年 10 月 16 日至 11 月 10 日每日平均相对湿度的平均（r=−0.879**） X_2（℃）：当年 5 月 16 日至 6 月 5 日每日最低温度的平均（r=0.862**）
多元回归模型指标	模型不合格
判别模型指标	大年：同时满足 $X_1<68.0$（%）、$X_2>26.0$（℃） 偏大年、平年、偏小年、小年：不能同时满足 $X_1<68.0$（%）、$X_2>26.0$（℃）
案例名称	广东东莞
关键指标（r）	X_1（℃）：上一年 10 月平均温度（r=−0.951**） X_2（h）：当年 3 月日照时数累计（r=0.828*） X_3（%）：当年 3 月平均相对湿度（r=−0.919**）
多元回归模型指标	模型不合格
判别模型指标	大年：同时满足 $X_1<24.6$（℃）、$X_2>110$（h）和 $X_3<73$（%） 偏大年、平年、偏小年、小年：不能同时满足 $X_1<24.6$（℃）、$X_2>110$（h）和 $X_3<73$（%）
案例名称	广东惠州
关键指标（r）	预测模型： X_1（h）：上一年 8 月 1～21 日每日日照时数的累计（r=0.865*） X_2（%）：当年 4 月 1～30 日每日平均相对湿度的平均（r=−0.752） X_3（℃）：当年 5 月 1～31 日每日最低温度的平均（r=0.846*） 判别模型： X（%）：当年 4 月 1～30 日每日平均相对湿度的平均（r=−0.879**）
多元回归模型指标	模型不合格
判别模型指标	大年：$X\leq 76.43\%$ 偏大年、平年、偏小年、小年：$X>76.43\%$
案例名称	四川乐山
关键指标（r）	X_1（h）：当年 2 月 16～28（29）日每日日照时数的累计（r=−0.708**） X_2（℃）：当年 4 月 1～15 日每日最低气温的平均（r=0.332） X_3（h）：当年 5 月 16～31 日每日日照时数的累计（r=−0.644**）
多元回归模型指标	模型不合格
判别模型指标	大年：同时满足 $X_1<38.5$（h）、$X_2>10.25$（℃）、$X_3<71.6$（h） 偏大年、平年、偏小年、小年：不能同时满足 $X_1<38.5$（h）、$X_2>10.25$（℃）、$X_3<71.6$（h）
案例名称	四川宜宾
关键指标（r）	X_1（%）：上一年 9 月 16～28 日每日平均相对湿度的平均（r=0.864**） X_2（h）：当年 4 月 1～15 日日照时数累计（r=0.813**）

（续）

案例名称	四川宜宾
多元回归模型指标	模型不合格
判别模型指标	大年、偏大年：同时满足 X_1>79.0（%）和 X_2>50.0（h） 平年、偏小年、小年：不能同时满足 X_1>79.0（%）和 X_2>50.0（h）
案例名称	福建宁德
关键指标（r）	X_1（%）：上一年11月平均相对湿度（r=−0.872**） X_2（%）：上一年12月27日至当年1月31日平均相对湿度（r=−0.927**）
多元回归模型指标	大年：同时满足 X_1（%）≤76和 X_2（%）≤78 小年：同时满足 X_1（%）>76和>X_2（%）78
判别模型指标	大年：同时满足 X_1（%）≤76和 X_2（%）≤78 小年：同时满足 X_1（%）>76和>X_2（%）78

湿度：广西7个地标荔枝中，湿度入选3次；海南5个案例中（儋州为非地标），湿度入选4次；广东3个地标荔枝中，湿度入选3次；四川2个地标荔枝中，湿度入选1次；福建1个地标荔枝中，湿度入选2次。可见湿度对福建、海南、广东荔枝大小年年型影响大，相比之下，四川和广西影响小。表20-2也表明，湿度以负相关为主（10个），正相关只有3个（海南琼山、海南澄迈、四川宜宾）。

表20-2　影响荔枝单产大小年年型等级的湿度指标汇总

案例	上一年9月	上一年10月	上一年10～11月	上一年11月	上一年12月	上一年12月至当年1月	1月	3月	4月
广西合浦									
广西灵山					—				
广西浦北									
广西钦北					—				
广西北流									
广西藤县									
广西桂平			—						
海南秀英									
海南琼山							+		
海南澄迈		+							
海南陵水		—							
海南儋州					—				
广东深圳			—						
广东东莞								—	
广东惠州									—
四川乐山									

（续）

案例	上一年 9月	上一年 10月	上一年10～ 11月	上一年 11月	上一年 12月	上一年 12月至 当年1月	1月	3月	4月
四川宜宾	+								
福建宁德				—		—			
合计	1	2	2	1	3	1	1	1	1

日照时数：广西7个地标荔枝中，日照时数入选2次；海南5个案例中（儋州为非地标），日照时数入选5次，其中澄迈入选2次；广东3个地标荔枝中，日照时数入选1次；四川2个地标荔枝中，日照时数入选3次；福建1个地标荔枝中，日照时数未入选。可见日照时数对四川、海南、广东荔枝大小年年型影响大，相比之下，广西影响小，福建没有影响。表20-3也表明，日照时数负相关和正相关比例相同。

表20-3　影响荔枝单产大小年年型等级的日照时数指标汇总

案例	上一年 8月	上一年 10月	上一年10～ 11月	上一年12月 至当年1月	1月	2月	3月	4月	5月
广西合浦									
广西灵山									
广西浦北		+							
广西钦北									
广西北流					+				
广西藤县									
广西桂平									
海南秀英	—								
海南琼山				+					
海南澄迈	—							+	
海南陵水									
海南儋州			—						
广东深圳									
广东东莞							+		
广东惠州									
四川乐山						—			—
四川宜宾								+	
福建宁德									
合计	2	1	1	1	1	1	1	2	1

温度：广西7个地标荔枝中，温度入选7次，其中桂平入选2次；海南5个案例中（儋州为非地标），温度入选1次；广东3个地标荔枝中，温度入选3次；四川2个地标荔枝中，温度入选1次；福建1个地标荔枝中，温度未入选。可见温度对广东、广西、四川

荔枝大小年年型影响大，相比之下，海南影响小，福建没有影响。表 20－4 也表明，温度在秋天、冬天以负相关为主，春天以正相关为主。

表 20－4　影响荔枝单产大小年年型等级的温度指标汇总

案例	上一年 9～10 月	上一年 10 月	上一年 12 月	1～2 月	2 月	2～3 月	4 月	5 月	5～6 月
广西合浦				—					
广西灵山			—						
广西浦北									
广西钦北			—						
广西北流									+
广西藤县								+	
广西桂平	—					—			
海南秀英					—				
海南琼山									
海南澄迈									
海南陵水									
海南儋州									
广东深圳									+
广东东莞		—							
广东惠州									
四川乐山							+		
四川宜宾									
福建宁德									
合计	1	1	2	1	1	1	1	1	2

降水量：海南 5 个案例中（儋州为非地标），降水量入选 3 次，其中陵水入选 2 次；其他省份降水量未入选。可见降水量对海南荔枝大小年年型影响大，相比之下，其他省份没有影响。表 20－5 也表明，降水量有正、负相关。其中陵水位于热带地区，降水量多时不利于高产。

表 20－5　影响荔枝单产大小年年型等级的降水量指标汇总

案例	上一年 8 月	上一年 9 月
广西合浦		
广西灵山		
广西浦北		
广西钦北		
广西北流		
广西藤县		

（续）

案例	上一年 8 月	上一年 9 月
广西桂平		
海南秀英		
海南琼山		
海南澄迈		+
海南陵水	—	—
海南儋州		
广东深圳		
广东东莞		
广东惠州		
四川乐山		
四川宜宾		
福建宁德		
合计	1	2

第三节　关键气象指标最佳范围

湿度：11 月秋季开始到 4 月，湿度适宜范围为 63%～78%，与当地此时段常年湿度相比，湿度相对小时有利于大年的形成（表 20－6）。

表 20－6　影响荔枝单产大小年年型等级的湿度指标范围

案例	上一年 9 月	上一年 10 月	上一年 10～11 月	上一年 11 月	上一年 12 月	上一年 12 月至当年 1 月	1 月	3 月	4 月
广西合浦									
广西灵山					— $62.58 \leq X_2 < 74.06$				
广西浦北									
广西钦北					— <69.0				
广西北流									
广西藤县									
广西桂平			— <57.0						
海南秀英									
海南琼山							+ $65.5 \leq X_2 < 75.0$		

（续）

案例	上一年 9月	上一年 10月	上一年 10～11月	上一年 11月	上一年 12月	上一年12月 至当年1月	1月	3月	4月
海南澄迈		+ >78.0							
海南陵水		— <86.0							
海南儋州					— <70.0				
广东深圳			— <68.0						
广东东莞								— <73.0	
广东惠州									— ≤76.43
四川乐山									
四川宜宾	+ >79.0								
福建宁德				— ≤76%		— ≤78%			
合计	1	2	2	1	3	1	1	1	1

日照时数：广西和广东秋冬季日照时数多时有利于高产，其他省份规律不明显（表20－7）。

表20－7　影响荔枝单产大小年年型等级的日照时数指标范围

案例	上一年 8月	上一年 10月	上一年10～ 11月	上一年12月 至当年1月	1月	2月	3月	4月	5月
广西合浦									
广西灵山									
广西浦北		+ >190							
广西钦北									
广西北流					+ 31.6 (h) $\leqslant X_1$ $\leqslant$59.4 (h)				
广西藤县									
广西桂平									
海南秀英	— <79								

（续）

案例	上一年 8月	上一年 10月	上一年10～ 11月	上一年12月 至当年1月	1月	2月	3月	4月	5月
海南琼山				+ 45.0 (h) $\leqslant X_1$ $\leqslant$90.0 (h)					
海南澄迈	— <85.0							+ >75.0	
海南陵水									
海南儋州			— <285.0						
广东深圳									
广东东莞							+ >110		
广东惠州									
四川乐山						— <38.5			— <71.6
四川宜宾								+ >50.0	
福建宁德									
合计	2	1	1	1	1	1	1	2	1

温度：秋冬季低温有利于高产，春季高温有利于高产（表20－8）。

表20－8　影响荔枝单产大小年年型等级的温度指标范围

案例	上一年9～ 10月	上一年10月	上一年12月	1～2月	2月	2～3月	4月	5月	5～6月
广西合浦				— <12.3					
广西灵山			— 7.65$\leqslant X_1$ $\leqslant$11.14						
广西浦北									
广西钦北			— <14.0						
广西北流									+ 25.33 (℃) $\leqslant X_2$ <25.86 (℃)
广西藤县								+ >23.0	
广西桂平	— <22.0					— <12.5			

（续）

案例	上一年9~10月	上一年10月	上一年12月	1~2月	2月	2~3月	4月	5月	5~6月
海南秀英					— >19.0				
海南琼山									
海南澄迈									
海南陵水									
海南儋州									
广东深圳									+ >26.0
广东东莞		— <24.6							
广东惠州									
四川乐山							+ >10.25		
四川宜宾									
福建宁德									
合计	1	1	2	1	1	1	1	1	2

降水量：海南秋季降水量适宜有利于高产（表 20－9）。

表 20－9　影响荔枝单产大小年年型等级的降水量指标范围

案例	上一年8月	上一年9月
广西合浦		
广西灵山		
广西浦北		
广西钦北		
广西北流		
广西藤县		
广西桂平		
海南秀英		
海南琼山		
海南澄迈		+ >70.0
海南陵水	— <165	— <300
海南儋州		
广东深圳		

（续）

案例	上一年8月	上一年9月
广东东莞		
广东惠州		
四川乐山		
四川宜宾		
福建宁德		
合计	1	2

第四节　不同地标产地大小年同步情况分析

18个产地的荔枝单产年型等级的出现不具有时间同步性，省内具有一定的时间一致性。如儋州位于西海岸，其大年和偏大年与广西7个地标荔枝呈现负相关，当儋州荔枝丰收时，广西荔枝常常为歉收。其他地标荔枝之间的年型关系见表20-10，表20-10可以为荔枝市场销售提供技术支撑。

表20-10　不同地标产地大小年同步情况分析

年份	年型 大或大、偏大或大、偏大、平	年型 小或小、偏小或小、偏小、平
1990	广西合浦（大、偏大、平）	广西藤县（小、偏小、平） 广西北流（小、偏小、平）
1991	海南儋州（大、偏大）	广西合浦（小、偏小、平） 广西灵山（小、偏小、平） 广西浦北（小、偏小、平） 广西钦北（小、偏小、平） 广西藤县（小、偏小、平） 广西桂平麻垌（小、偏小、平） 广西北流（小、偏小、平）
1992	广西合浦（大、偏大、平） 广西浦北（大、偏大） 广西桂平麻垌（大）	广西灵山（小、偏小、平） 广西钦北（小、偏小、平） 广西藤县（小、偏小、平） 海南儋州（小、偏小、平）
1993	广西合浦（大、偏大、平） 广西浦北（大、偏大） 广西桂平麻垌（大）	广西灵山（小、偏小、平） 广西钦北（小、偏小、平） 广西藤县（小、偏小、平） 广西北流（小、偏小、平） 海南儋州（小、偏小、平）

（续）

年份	年型 大或大、偏大或大、偏大、平	年型 小或小、偏小或小、偏小、平
1994	广西灵山（大、偏大） 广西浦北（大、偏大） 广西钦北（大、偏大） 广西桂平麻垌（大） 海南儋州（大、偏大）	广西合浦（小、偏小、平） 广西藤县（小、偏小、平） 广西北流（小、偏小、平）
1995	广西合浦（大、偏大、平） 广西浦北（大、偏大） 广西桂平麻垌（大）	广西灵山（小、偏小、平） 广西钦北（小、偏小、平） 广西藤县（小、偏小、平） 海南儋州（小、偏小、平）
1996	广西合浦（大、偏大、平） 广西灵山（大、偏大） 广西钦北（大、偏大） 广西桂平麻垌（大） 海南儋州（大、偏大）	广西浦北（小、偏小、平） 广西藤县（小、偏小、平）
1997	广西灵山（大、偏大） 广西浦北（大、偏大） 广西钦北（大、偏大） 广西桂平麻垌（大） 海南儋州（大、偏大）	广西合浦（小、偏小、平） 广西藤县（小、偏小、平）
1998	广西合浦（大、偏大、平）	广西灵山（小、偏小、平） 广西浦北（小、偏小、平） 广西钦北（小、偏小、平） 广西藤县（小、偏小、平） 广西桂平麻垌（小、偏小、平） 广西北流（小、偏小、平） 海南儋州（小、偏小、平）
1999	广西浦北（大、偏大） 四川乐山（大） 四川宜宾（大、偏大）	广西合浦（小、偏小、平） 广西灵山（小、偏小、平） 广西钦北（小、偏小、平） 广西藤县（小、偏小、平） 广西桂平麻垌（小、偏小、平） 海南儋州（小、偏小、平）
2000	广西合浦（大、偏大、平） 广西灵山（大、偏大） 广西钦北（大、偏大） 海南儋州（大、偏大）	广西合浦（小、偏小、平） 广西浦北（小、偏小、平） 广西藤县（小、偏小、平） 广西桂平麻垌（小、偏小、平） 广西北流（小、偏小、平）

（续）

年份	年型 大或大、偏大或大、偏大、平	年型 小或小、偏小或小、偏小、平
2001	海南儋州（大、偏大）	广西合浦（小、偏小、平） 广西灵山（小、偏小、平） 广西浦北（小、偏小、平） 广西钦北（小、偏小、平） 广西藤县（小、偏小、平） 广西桂平麻垌（小、偏小、平） 广西北流（小、偏小、平）
2002	海南秀英（大） 海南琼山（大） 海南澄迈（大） 海南陵水（大） 四川宜宾（大、偏大） 福建宁德（大）	广西合浦（小、偏小、平） 广西灵山（小、偏小、平） 广西浦北（小、偏小、平） 广西钦北（小、偏小、平） 广西藤县（小、偏小、平） 广西桂平麻垌（小、偏小、平） 海南儋州（小、偏小、平）
2003	广西合浦（大、偏大、平） 广西藤县（大、偏大） 四川乐山（大）	广西灵山（小、偏小、平） 广西浦北（小、偏小、平） 广西钦北（小、偏小、平） 广西桂平麻垌（小、偏小、平） 海南秀英（小、偏小、平） 海南琼山（小、偏小、平） 海南澄迈（小、偏小、平） 海南陵水（小） 海南儋州（小、偏小、平） 四川宜宾（小、偏小、平）
2004	广西合浦（大、偏大、平） 广西灵山（大、偏大） 广西浦北（大、偏大） 广西钦北（大、偏大） 广西桂平麻垌（大） 福建宁德（大）	广西藤县（小、偏小、平） 海南儋州（小、偏小、平） 四川宜宾（小、偏小、平）
2005	广西合浦（大、偏大、平） 广西灵山（大、偏大） 广西浦北（大、偏大） 广西钦北（大、偏大） 广西藤县（大、偏大） 广西桂平麻垌（大） 四川乐山（大）	广西北流（小、偏小、平） 海南儋州（小、偏小、平）

（续）

年份	年型 大或大、偏大或大、偏大、平	年型 小或小、偏小或小、偏小、平
2006	广西灵山（大、偏大） 广西浦北（大、偏大） 广西钦北（大、偏大）	广西合浦（小、偏小、平） 广西藤县（小、偏小、平） 广西桂平麻垌（小、偏小、平） 海南儋州（小、偏小、平） 四川乐山（小、偏小、平） 四川宜宾（小、偏小、平） 福建宁德（小）
2007	广西合浦（大、偏大、平） 广西灵山（大、偏大） 广西浦北（大、偏大） 广西钦北（大、偏大） 广西北流（大、偏大） 海南秀英（大） 海南琼山（大） 海南澄迈（大） 海南陵水（大）	广西藤县（小、偏小、平） 广西桂平麻垌（小、偏小、平） 海南儋州（小、偏小、平） 广东深圳（小、偏小、平） 四川乐山（小、偏小、平） 四川宜宾（小、偏小、平）
2008	广西合浦（大、偏大、平） 广西浦北（大、偏大） 广西桂平麻垌（大） 海南儋州（大、偏大） 福建宁德（大）	广西灵山（小、偏小、平） 广西钦北（小、偏小、平） 广西藤县（小、偏小、平） 海南秀英（小、偏小、平） 海南琼山（小、偏小、平） 海南澄迈（小、偏小、平） 海南陵水（小） 四川乐山（小、偏小、平） 四川宜宾（小、偏小、平）
2009	广西合浦（大、偏大、平） 广西灵山（大、偏大） 广西钦北（大、偏大） 海南秀英（大） 海南琼山（大） 海南澄迈（大） 海南陵水（大） 海南儋州（大、偏大） 四川乐山（大） 四川宜宾（大、偏大） 福建宁德（大）	广西浦北（小、偏小、平） 广西藤县（小、偏小、平） 广西桂平麻垌（小、偏小、平）

（续）

年份	年型 大或大、偏大或大、偏大、平	年型 小或小、偏小或小、偏小、平
2010	海南儋州（大、偏大） 广东东莞（大）	广西合浦（小、偏小、平） 广西灵山（小、偏小、平） 广西浦北（小、偏小、平） 广西钦北（小、偏小、平） 广西藤县（小、偏小、平） 广西桂平麻垌（小、偏小、平） 海南秀英（小、偏小、平） 海南琼山（小、偏小、平） 海南澄迈（小、偏小、平） 海南陵水（小） 广东深圳（小、偏小、平） 四川乐山（小、偏小、平） 四川宜宾（小、偏小、平）
2011	广西合浦（大、偏大、平） 广西桂平麻垌（大） 海南澄迈（大） 海南儋州（大、偏大） 广东东莞（大） 福建宁德（大）	广西灵山（小、偏小、平） 广西浦北（小、偏小、平） 广西钦北（小、偏小、平） 广西藤县（小、偏小、平） 海南秀英（小、偏小、平） 海南琼山（小、偏小、平） 海南陵水（小） 四川乐山（小、偏小、平） 四川宜宾（小、偏小、平）
2012	广西合浦（大、偏大、平） 广西灵山（大、偏大） 广西钦北（大、偏大） 广西藤县（大、偏大） 广西桂平麻垌（大） 海南儋州（大、偏大） 四川宜宾（大、偏大）	广西浦北（小、偏小、平） 广西北流（小、偏小、平） 海南秀英（小、偏小、平） 海南琼山（小、偏小、平） 海南澄迈（小、偏小、平） 海南陵水（小） 广东深圳（小、偏小、平） 广东东莞（小、偏小、平） 福建宁德（小）
2013	海南秀英（大） 海南琼山（大） 海南澄迈（大） 海南陵水（大） 四川宜宾（大、偏大）	广西合浦（小、偏小、平） 广西灵山（小、偏小、平） 广西浦北（小、偏小、平） 广西钦北（小、偏小、平） 广西藤县（小、偏小、平） 广西桂平麻垌（小、偏小、平） 海南儋州（小、偏小、平） 广东深圳（小、偏小、平）

（续）

年份	年型 大或大、偏大或大、偏大、平	年型 小或小、偏小或小、偏小、平
2014	广西灵山（大、偏大） 广西浦北（大、偏大） 广西钦北（大、偏大） 广西桂平麻垌（大） 广西北流（大、偏大） 海南陵水（大） 海南儋州（大、偏大） 广东深圳（大） 四川乐山（大） 福建宁德（大）	广西合浦（小、偏小、平） 广西藤县（小、偏小、平） 海南琼山（小、偏小、平） 广东惠州（小、偏小、平） 四川宜宾（小、偏小、平）
2015	广西灵山（大、偏大） 广西浦北（大、偏大） 广西钦北（大、偏大） 广西藤县（大、偏大） 广西北流（大、偏大） 广东惠州（大） 四川乐山（大） 四川宜宾（大、偏大） 福建宁德（大）	广西合浦（小、偏小、平） 广西桂平麻垌（小、偏小、平） 海南秀英（小、偏小、平） 海南琼山（小、偏小、平） 海南儋州（小、偏小、平） 广东深圳（小、偏小、平） 广东东莞（小、偏小、平）
2016	广西合浦（大、偏大、平） 广西浦北（大、偏大） 广西北流（大、偏大） 海南澄迈（大）	广西灵山（小、偏小、平） 广西钦北（小、偏小、平） 广西藤县（小、偏小、平） 广西桂平麻垌（小、偏小、平） 海南秀英（小、偏小、平） 海南琼山（小、偏小、平） 海南儋州（小、偏小、平） 广东深圳（小、偏小、平） 广东东莞（小、偏小、平） 广东惠州（小、偏小、平） 福建宁德（小）
2017	广西浦北（大、偏大） 海南琼山（大） 海南儋州（大、偏大） 四川乐山（大） 四川宜宾（大、偏大）	广西合浦（小、偏小、平） 广西灵山（小、偏小、平） 广西钦北（小、偏小、平） 广西藤县（小、偏小、平） 广西桂平麻垌（小、偏小、平） 海南秀英（小、偏小、平） 海南澄迈（小、偏小、平） 广东深圳（小、偏小、平） 广东东莞（小、偏小、平） 广东惠州（小、偏小、平）

（续）

年份	年型 大或大、偏大或大、偏大、平	年型 小或小、偏小或小、偏小、平
2018	广西合浦（大、偏大、平） 广西灵山（大、偏大） 广西浦北（大、偏大） 广西钦北（大、偏大） 广西藤县（大、偏大） 海南秀英（大） 海南琼山（大） 海南澄迈（大） 海南陵水（大） 海南儋州（大、偏大） 广东深圳（大） 广东东莞（大） 广东惠州（大） 四川宜宾（大、偏大）	广西桂平麻垌（小、偏小、平） 四川乐山（小、偏小、平）
2019	广西桂平麻垌（大） 四川乐山（大） 四川宜宾（大、偏大）	广西合浦（小、偏小、平） 广西灵山（小、偏小、平） 广西浦北（小、偏小、平） 广西钦北（小、偏小、平） 广西藤县（小、偏小、平） 广西北流（小、偏小、平） 海南儋州（小、偏小、平） 广东深圳（小、偏小、平） 广东东莞（小、偏小、平） 广东惠州（小、偏小、平）
2020	海南秀英（大） 海南澄迈（大） 广东深圳（大） 广东惠州（大） 四川宜宾（大、偏大） 福建宁德（大）	广西灵山（小、偏小、平） 广西浦北（小、偏小、平） 广西钦北（小、偏小、平） 广东东莞（小、偏小、平） 四川乐山（小、偏小、平）
2021	海南秀英（大） 广东深圳（大） 广东东莞（大） 广东惠州（大） 福建宁德（大）	海南澄迈（小、偏小、平） 四川乐山（小、偏小、平） 四川宜宾（小、偏小、平）
2022	广东惠州（大） 四川乐山（大） 四川宜宾（大、偏大）	海南秀英（小、偏小、平） 广东深圳（小、偏小、平） 福建宁德（小、偏小）

第五节　不同省地标产地大小年同步情况分析

4 个省份荔枝产地大小年同步情况见表 20 - 11 至表 20 - 14。福建省只有一个产地，不进行统计分析。

在表 20 - 11 中，1990—2019 年期间 7 个产地年型都有的情况下，如果将年型 3、4、5 归一类时，2012、2014 年为一类；如果将年型 1、2、3 归一类时，1991、1998、2001 年为一类；其他年各个年型分布无规律。从 30 年年型看：同一产地大年和小年年际间无规律；北流、藤县荔枝 4、5 年型比例小。

表 20 - 11　广西 7 个地标荔枝产地大小年同步情况

年份	灵山	浦北	钦北	北流	藤县	桂平	合浦
1990				1	1		3
1991	2	2	1	2	1	2	2
1992	2	4	1		1	5	4
1993	2	5	1	1	1	5	4
1994	5	5	5	1	3	5	2
1995	1	5	1		1	5	4
1996	4	1	4		1	5	4
1997	4	5	4		1	5	3
1998	2	3	1	1	2	3	3
1999	3	5	3		1	3	3
2000	5	1	5	1	1	4	1
2001	3	1	2	1	2	3	1
2002	3	1	1		2	1	3
2003	2	3	1		4	4	3
2004	5	5	4		1	4	3
2005	4	5	4	3	5	5	3
2006	5	4	4		1	3	2
2007	4	5	4	5	2	1	5
2008	2	5	1		2	5	5
2009	4	3	4		2	1	4
2010	2	3	2		2	1	2
2011	3	2	2		1	4	5
2012	5	3	5	3	4	5	3
2013	3	3	2		3	2	3

（续）

年份	灵山	浦北	钦北	北流	藤县	桂平	合浦
2014	5	4	5	4	3	5	3
2015	4	5	4	5	4	1	2
2016	2	4	1	4	3	4	4
2017	2	5	2		1	1	1
2018	5	5	5		5	4	5
2019	1	1	1	1	1	5	1

在表 20－12 中，1991—2022 年期间 5 个产地年型都有的情况下，如果将年型 3、4、5 归一类时，2009、2018 年为一类；如果将年型 1、2、3 归一类时，2003 年为一类；儋州为地标作物，具有与其他 4 个地标荔枝不同步的趋势，如 2002、2007、2008、2010、2012、2013 年，可以利用这一规律扩大儋州荔枝栽培面积，形成海南荔枝大小年互补，稳定市场。从 32 年年型看：同一产地大年和小年年际间无规律。

表 20－12　海南 5 个荔枝产地大小年同步情况

年份	秀英	琼山	澄迈	陵水	儋州
1991					4
1992					1
1993					2
1994					3
1995					1
1996					4
1997					5
1998					2
1999					3
2000					5
2001					3
2002	5	5	5	5	1
2003	1	1	1	1	3
2004					3
2005					2
2006					3
2007	5	5	5	5	1
2008	1	1	1	1	5
2009	5	5	5	5	4
2010	1	1	1	1	4

（续）

年份	秀英	琼山	澄迈	陵水	儋州
2011	1	1	5	1	4
2012	1	1	1	1	5
2013	5	5	5	5	2
2014		1		5	5
2015	1	1			2
2016	1	1	5		1
2017	1	5	1		4
2018	5	5	5	5	5
2019					1
2020	5		5		
2021	5		5		
2022	1				

在表 20－13 中，2015—2022 年期间 3 个产地年型都有的情况下，2016、2017、2019 年为小年，2018、2021 年为大年；其他年大小年不同步。从 16 年年型看：同一产地大年和小年年际间无规律。

表 20－13　广东 3 个地标荔枝产地大小年同步情况

年份	深圳	东莞	惠州
2007	1		
2008			
2009			
2010	1	5	
2011		5	
2012	1	1	
2013	1		
2014	5		1
2015	1	1	5
2016	1	1	1
2017	1	1	1
2018	5	5	5
2019	1	1	1
2020	5	1	5
2021	5	5	5

（续）

年份	深圳	东莞	惠州
2022	1		5

在表 20－14 中，1999—2019 年期间 2 个产地年型都有的情况下，如果将年型 4、5 归一类时，1999、2009、2015、2017、2019 年为一类，2006、2007、2008、2010、2011 年为一类；2003、2014、2018 年 3 年年型类型相反。从 21 年年型看：同一产地大年和小年年际间无规律。

表 20－14　四川 2 个地标荔枝产地大小年同步情况

年份	乐山	宜宾
1999	5	4
2000		
2001		
2002		5
2003	5	1
2004		1
2005	5	
2006	1	2
2007	1	1
2008	1	1
2009	5	4
2010	1	1
2011	1	1
2012		5
2013		5
2014	5	1
2015	5	5
2016		
2017	5	5
2018	1	5
2019	5	5

参考文献

REFERENCES

[1] 叶延琼，章家恩，吕建秋，等．广东省荔枝产业发展现状与对策分析 [J]. 中国农学通报，2011，27（3）：481-487.

[2] 舒肇甦．我国荔枝出口现状与发展建议 [J]. 保鲜与加工，2006（6）：1-4.

[3] 黄江康，王亚琴，易干军．中国荔枝生产贸易：现状、前景及入世对策（上）[J]. 广东科技，2002（5）：26-28.

[4] 胡新宇，宁正祥．荔枝保鲜的研究与发展 [J]. 食品与发酵工业，2001（4）：47-52.

[5] 陈炳旭．荔枝龙眼害虫识别与防治图册 [M]. 北京：中国农业出版社，2017：31- 41.

[6] 甘一忠，李耀先，刘流．荔枝丰歉年型气候分析 [J]. 广西农业生物科学，2001（3）：177-181.

[7] 蔡世同，肖天贵，金荣花，等．荔枝丰歉年的气象差异分析 [J]. 安徽农业科学，2012，40（3）：1780-1781.

[8] 李艳兰，苏志，涂方旭．若干气候因素对广西荔枝龙眼产量的影响 [J]. 广西科学院学报，2002（3）：135-140.

[9] 季作梁，叶自行．气温对荔枝开花坐果的影响 [J]. 果树科学，1995（4）：250-252.

[10] C. M. Menzel，D. R. Simpson，张平，等．温度对荔枝开花的影响 [J]. 广西热作科技，1998（2）：47-53.

[11] 王冉，许淑珺，沈浩，等．野外增温对桂味荔枝产量和果实品质的影响 [J]. 安徽农业科学，2011，39（24）：14566-14568.

[12] 何鹏，吴初梅，符永兴．"妃子笑"荔枝果实发育与温度关系的初步分析 [J]. 中国农业气象，2008（3）：320-324.

[13] 罗森波．荔枝大小年的气象条件分析 [J]. 农业气象，1987（3）：25-28.

[14] 蔡大鑫，张京红，刘少军．海南荔枝产量的寒害风险分析与区划 [J]. 中国农业气象，2013，34（5）：595-601.

[15] 周剑锋，谢水添，黄秋娥．荔枝产量与气候关系及微机模型预测 [J]. 福建果树，1991（4）：34-35.

[16] 林文城．荔枝大小年现象成因及克服技术 [J]. 湖北林业科技，2016，45（6）：89-90.

[17] 何丁海．关于克服荔枝大小年结果的措施和设想 [J]. 农业研究与应用，2012（5）：60-62.

[18] 莫体．广西荔枝气象指数保险发展研究 [D]. 南宁：广西大学，2018.

[19] 刘荣光，彭宏祥，刘安阜，等．气象因子对荔枝中迟熟品种花芽分化的影响 [J]. 广西农业科学，1994（2）：60-62.

[20] 陈国保．2002 年玉林市荔枝大丰收的气象成因分析 [J]. 广西气象，2002（4）：51-53，26.

[21] 刘流．荔枝丰歉年型气候分析 [A]. 中国科学技术协会，吉林省人民政府．新世纪新机遇新挑战——知识创新和高新技术产业发展（下册），2001：1.

[22] MENZEL C M. The pattern and control of reproductive development inly-chee：a review [J]. Scientia Horticulturae，1984，22：333-345.

[23] 傅汝强．冬季气候变化对荔枝大小年的影响［J］. 广西农业科学，1982（9）：23-25.
[24] 王润林．试析东莞荔枝产量与冬春天气的关系［J］. 中国南方果树，2001（1）：23-27.
[25] 尹金华，罗诗，赖永超，等．冬季温度和降雨对荔枝大小年的影响［J］. 中国南方果树，2002（1）：28-29.
[26] 谭宗琨，何燕，欧钊荣，等．“禾荔”荔枝果实发育进程与温度条件的关系［J］. 气象，2006，32（12）：96-101.
[27] 陆杰英，杨丽英，龚仙玉．影响增城荔枝产量的气象条件分析［J］. 安徽农学通报（下半月刊），2011，17（16）：165，180.
[28] 赖自力，丁晓波，李小孟，等．浅析气象条件对泸州‘带绿’荔枝花果发育的影响［J］. 中国热带农业，2020（4）：66-73，65.
[29] 何鹏，刘世业，吴初梅，等．广西钦州市荔枝产量与气象条件关系的分析［J］. 安徽农业科学，2008（3）：993-994，1164.
[30] 高素华，林日暖，黄增明．广东冬季气温、冻害对荔枝产量的影响［J］. 应用气象学报，2003（4）：496-498.
[31] 高素华，黄增明．荔枝花芽分化期的冷暖气候指标及对产量的影响［J］. 气象，2004（3）：17-21.
[32] 齐文娥，欧阳曦．气象条件对荔枝单产的影响［J］. 中国南方果树，2019，48（3）：47-49，52.
[33] 刘锦銮，杜尧东，毛慧琴．华南地区荔枝寒害风险分析与区划［J］. 自然灾害学报，2003（3）：126-130.
[34] 李娜，霍治国，贺楠，等．华南地区香蕉、荔枝寒害的气候风险区划［J］. 应用生态学报，2010，21（5）：1244-1251.
[35] 合浦县志编纂委员会．合浦县志［M］. 北京：方志出版社，1994：65-89.
[36] 灵山县志编纂委员会．灵山县志［M］. 南宁：广西人民出版社，2000：111-131.
[37] 北流县志编纂委员会．北流县志［M］. 南宁：广西人民出版社，1993：83-111.
[38] 林兆华，吴艳芳．气候变化对晚熟荔枝影响及其可持续发展［C］//中国农业资源与区划学会. 2015年中国农业资源与区划学会学术年会论文集，2015：5.
[39] 潘学文，李建光，韩冬梅，等．龙眼荔枝实用生产技术［M］. 广州：广东科技出版社，2022：175-179.

图书在版编目（CIP）数据

中国荔枝单产大小年现象形成规律预测模型研究 / 侯彦林等著. -- 北京 : 中国农业出版社, 2024.5
ISBN 978-7-109-32003-1

Ⅰ. ①中… Ⅱ. ①侯… Ⅲ. ①荔枝一单位面积产量一预测一模型一研究一中国 Ⅳ. ①S667.1

中国国家版本馆 CIP 数据核字（2024）第 103847 号

中国荔枝单产大小年现象形成规律预测模型研究
ZHONGGUO LIZHI DANCHAN DAXIAONIAN XIANXIANG XINGCHENG GUILU YUCE MOXING YANJIU

中国农业出版社出版
地址：北京市朝阳区麦子店街 18 号楼
邮编：100125
策划编辑：贺志清
责任编辑：史佳丽 贺志清
版式设计：王 晨 责任校对：吴丽婷
印刷：中农印务有限公司
版次：2024 年 5 月第 1 版
印次：2024 年 5 月北京第 1 次印刷
发行：新华书店北京发行所
开本：787mm×1092mm 1/16
印张：8.75
字数：207 千字
定价：68.00 元